Rildo Alves do Nascimento

MISCELÂNEA DE PROBLEMAS DE MATEMÁTICA

Problemas propostos e resolvidos em sala de aula

EDITORA CIÊNCIA MODERNA

Miscelânea de Problemas de Matemática: problemas propostos e resolvidos em sala de aula

Editor: Paulo André P. Marques
Produção Editorial: Dilene Sandes Pessanha
Capa: Daniel Jara
Diagramação: Lucia Quaresma
Copidesque: Vivian Sbravatti

FICHA CATALOGRÁFICA

NASCIMENTO, Rildo Alves do.

Miscelânea de Problemas de Matemática: problemas propostos e resolvidos em sala de aula

Rio de Janeiro: Editora Ciência Moderna Ltda., 2021.

1. Matemática
I — Título

ISBN: 978-85-399-0902-5 CDD 510

Editora Ciência Moderna Ltda.
R. Alice Figueiredo, 46 – Riachuelo
Rio de Janeiro, RJ – Brasil CEP: 20.950-150
Tel: (21) 2201-6662/ Fax: (21) 2201-6896
E-MAIL: LCM@LCM.COM.BR
WWW.LCM.COM.BR **02/21**

Grupo Resolvedores de Problemas Matemáticos

APRESENTAÇÃO

O GRPM – Grupo Resolvedores de Problemas Matemáticos, surgiu em 2007, integrando estudantes da Escola Estadual Professora Judith Gomes de Barros – Ensino Fundamental e Ensino Médio e da Escola Municipal Professora Creusa dos Santos Oliveira – Ensino Fundamental , em Santa Maria da Boa Vista – PE. Com a Visão de Desenvolver Competências e Habilidades na Perspectiva Metodológica da Resolução de Problemas no Ensino de Matemática, nas Áreas: Aritmética, Geometria, Álgebra, Trigonometria, Análise Combinatória, Probabilidade e Estatística.

INTEGRANTES

Estudantes do Ensino Fundamental e do Ensino Médio
Professor Rildo Alves do Nascimento
Escola Estadual Professora Judith Gomes de Barros – Ensino Fundamental e Médio
Escola Municipal Professora Creuza dos Santos Oliveira – Ensino Fundamental

OBJETIVOS GERAIS

- Possibilitar a estruturação do pensamento e do raciocínio dedutivo, contribuindo para o desenvolvimento de processos cognitivos e aquisição de atitudes;
- Desenvolver a criatividade e a capacidade de resolver problemas;
- Criar hábitos de investigação e confiança para enfrentar situações novas e formar uma visão ampla e científica da realidade;
- Desenvolver a capacidade de resolver problemas, raciocinar, generalizar, abstrair, analisar e interpretar a realidade, utilizando-se do instrumental matemático.

OBJETIVOS ESPECÍFICOS

- Propiciar a resolução de situações-problema adotando estratégias próprias;
- Desenvolver formas de raciocínio e processos como intuição, indução dedução, analogia, estimativa;
- Possibilitar a elaboração de um ou mais procedimentos de resolução, comparação e validação de procedimentos.

METODOLOGIA

Os problemas ou as situações-problema são distribuídos e os estudantes reúnem-se em grupos para resolvê-los. Há valorização das resoluções aritméticas, algébricas ou geométricas, no processo de ensino-aprendizagem. Após resolverem, em grupos, os problemas e as situações-problema, as soluções ou resoluções são expostas nos murais das escolas com os respectivos nomes dos componentes dos grupos, das turmas e parabenizações.

APLICAÇÃO

Tenho duas vezes a idade que tu tinhas quando eu tinha a idade que tu tens. Quando tiveres a idade que tenho, a soma de nossas idades será 45 anos. Quantos anos tenho?

DEDICATÓRIA

A minha mãe, Maria Irene da Conceição (in memoriam), pelo apoio, incentivo e por ser exemplo de determinação e perseverança.

A todos os educadores, demais funcionários e colegas de escola que participaram da minha trajetória escolar, da pré-escola à universidade.

AGRADECIMENTOS

A Deus, por ter concedido-me a vida e oportunizado a realização desta obra, entre outras conquistas profissionais.

A todos os meus alunos e, em especial, aos que colaboraram com este trabalho.

À Editora Ciência Moderna, pela confiança e por ter validado minha proposta.

APRESENTAÇÃO

O trabalho iniciou em sala de aula como lúdico e mais tarde seria transformado em realidade. Após alguns anos, os frutos desta atividade matemática motivaram-me a organizar um livro.

Desde os tempos de escola, em que eu era estudante do ensino básico, admirava as etapas de resolução de um problema matemático propostas pelo ilustre matemático húngaro, George Pólya.

Todos os problemas foram propostos pelo professor e resolvidos pelos alunos do Ensino Fundamental II, da Escola Professora Creuza dos Santos Oliveira, e pelos alunos do Ensino Fundamental II e Ensino Médio da Escola Professora Judith Gomes de Barros, em Santa Maria da Boa Vista - PE.

Em grande parte, os alunos apresentavam apenas as soluções para os problemas, mas alguns apresentaram resoluções, as quais, em sua maioria, eram mais aritméticas do que algébricas, o que considero relevante. Foram valorizados: as soluções, as resoluções aritméticas ou algébricas e o processo de resolução do aluno. As resoluções dos problemas resolvidos pelos alunos e as resoluções pelo professor também foram socializadas em sala de aula.

Após os alunos reunirem-se em grupos para resolvê-los, os problemas foram expostos nos murais das escolas com as soluções ou resoluções, nomes dos alunos, turmas e parabenizações.

Os problemas e as situações-problema temáticos têm aplicação em diversos conteúdos matemáticos.

SOBRE A OBRA

Este livro é voltado para alunos do ensino fundamental, ensino médio, professores, demais leitores e apreciadores de bons problemas para o ensino de Matemática, no desenvolvimento de habilidades resultantes do trabalho em sala de aula.

SOBRE O AUTOR

Rildo Alves do Nascimento é professor há 30 anos, em escolas públicas: Escola Municipal Professora Creuza dos Santos Oliveira – Ensino Fundamental, e Escola Estadual Professora Judith Gomes de Barros – Ensino Fundamental e Ensino Médio.

Com Licenciatura Plena em Ciências – Habilitação em Matemática, pela Universidade de Pernambuco – UPE (Petrolina) e Especialização em Metodologia do Ensino da Matemática pelo Instituto Superior de Teologia Aplicada - INTA (Sobral - CE).

RESUMO

A resolução de problemas é um eixo organizador do ensino da Matemática, desenvolvendo a capacidade de comunicação, cooperação e perseverança. Propicia ao aluno recursos que o ajudam a resolver situações de natureza diversa e enfrentar, com confiança, situações novas. Foram apresentadas situações-problema que exigem interpretação, seleção de estratégias de resolução, realização de planejamento de ações, aplicação de ferramentas matemáticas, recursos técnicos adequados e análise da solução obtida. Nos objetivos gerais estão o desenvolvimento da capacidade de resolver problemas, a estruturação do raciocínio dedutivo, o desenvolvimento de processos cognitivos e a aquisição de atitudes, hábitos de investigação, generalização, abstração e análise. E, nos específicos, o oferecimento de resolução de situações-problema utilizando estratégias próprias; a possibilidade de elaboração de um ou vários procedimentos de resolução de um problema ou situação-problema, a compreensão dos conceitos, procedimentos e estratégias matemáticos, o planejamento de soluções para problemas novos, que exijam iniciativa e criatividade, a aplicação de conhecimentos matemáticos para compreensão, interpretação e resolução de situações-problema do cotidiano ou do mundo tecnológico e científico, o estabelecimento de relações, conexões e integração entre os diferentes campos da Matemática para resolução de problemas, interpretando-os de várias maneiras e sob diferentes pontos de vista, a interpretação e validação dos resultados obtidos na solução de situações-problema. As aulas de Matemática podem se transformar em momentos estimulantes, que exigem estratégias para resolução das diversas situações-problema.

SUMÁRIO

PROBLEMAS

A PRODUÇÃO

Uma empresa produziu, num certo ano, 8.000 unidades de determinado produto. Projetando-se um aumento anual de produção de 50%, daqui a quantos anos a produção anual será de 40.500 unidades?

O ESTACIONAMENTO

Um estacionamento cobra R$3,00 pela primeira hora. A partir da segunda hora, o valor é de R$2,00. Quanto pagará o proprietário de um carro que esteve estacionado durante 7 horas?

A IDADE DO PROFESSOR

Uma escola tem 18 professores. Um deles se aposenta e é substituído por um professor de 22 anos. Com isso, a média das idades dos professores diminui 2 anos. Qual é a idade do professor que se aposentou?

O CUSTO TOTAL

O custo total da fabricação de determinado artigo depende do custo de produção, que é de R$45,00 por unidade fabricada, mais um custo fixo de R$2.000,00. Qual o custo total da fabricação de 10 unidades?

A DÚZIA DE MAÇÃS

Três dúzias de ovos valem quatro dúzias de maçãs. Cinco dúzias de maçãs valem três dúzias de peras. Sabendo que uma dúzia de peras custa R$6,00, quanto custa uma dúzia de maçãs?

AS BORRACHAS

Distribui certa quantidade de borrachas em 30 caixas, colocando 48 borrachas em cada uma. Se pudesse colocar 72 borrachas em cada caixa, quantas caixas seriam necessárias?

AS MATRÍCULAS

Uma diretora deseja formar turmas de 38 alunos. Como existem 450 alunos matriculados, uma delas ficaria incompleta. Para completar esta turma, quantos alunos ela deverá matricular?

A ESTIMATIVA

Alguns jornais calculam o número de pessoas presentes em atos públicos considerando que cada metro quadrado é ocupado por 4 pessoas. Qual é a estimativa do número de pessoas presentes em uma praça de 4.000 metros quadrados, que tenha ficado lotada para um comício, segundo essa avaliação?

A RODOVIA

A rodovia que liga as cidades A e B mede 180km. Percorrendo a rodovia, Ari saiu de A para B e andou 87km. Jair saiu de B em direção a A e percorreu 52km. Que distância os separa?

A PRESTAÇÃO DO TERRENO

A prestação de um terreno é de R$987,00 e vence todo dia 10. Pagando fora do prazo, há uma multa de R$7,20 por dia. Se a prestação for paga só no dia 25, qual será o valor?

O ÓXIDO DE MERCÚRIO

Se 201g de mercúrio e 16g de oxigênio se combinam para formar 217g de óxido de mercúrio, qual a porcentagem de cada elemento no óxido de mercúrio?

O COMPRIMENTO DAS TÁBUAS

Uma construtora encomendou tábuas de pinho a quatro fornecedores diferentes. O primeiro entregou tábuas com 225cm de comprimento; o segundo, com 236cm; o terceiro, com 230cm; e o quarto, com ***x*** cm. O mestre-de-obras calculou que a média dos comprimentos das tábuas era de 231cm. Qual foi o comprimento das tábuas entregues pelo quarto fornecedor?

O SALÁRIO DO VENDEDOR

Um vendedor recebe mensalmente um salário composto de duas partes: uma parte fixa, no valor de R$900,00, e uma variável, que corresponde a uma comissão de 8% do total de vendas que ele fez durante o mês. Calcule o salário do vendedor sabendo que durante um mês ele vendeu R$50.000,00 em produtos.

OS GRUPOS DE ALUNOS

Há 35 alunos na sua sala. É necessário que se formem grupos de estudo com igual número de participantes. Quanto alunos cada grupo deve ter?

OS OVOS DE PÁSCOA

Maria fez ovos de páscoa caseiros, todos do mesmo tamanho. Dividiu a produção de um dia em caixa iguais, preenchendo 19 delas e deixando a vigésima caixa com 15 ovos, isto é, com 1 ovo a menos do que a capacidade da caixa. Qual foi a produção desse dia?

A CORRIDA

Quatro meninas disputam uma corrida em que:

- Rita não foi a primeira colocada.
- Cláudia ficou entre Ana e Sandra.
- Sandra ficou entre Rita e Cláudia.

Qual a ordem de classificação, da primeira à última colocada?

O NÚMERO ESCOLHIDO

Escolhi um número natural e fiz as seguintes operações: Elevei-o ao quadrado. Multipliquei por 6. Subtraí 2. Dividi por 4. Adicionei 3. Obtive 76. Que número escolhi?

EM QUE NÚMERO PENSEI?

Pensei em um número. Multipliquei-o por 4. Subtraí 6. Dividi por 2. Adicionei 1. Obtive 18. Em que número pensei?

OS LITROS DE SUCOS

Um litro de suco tipo A custa R$6,00, e um litro de suco tipo B custa R$4,80. Quantos litros de suco A devem ser misturados a 100 litros de suco B para obter um suco C que custe R$5,50 o litro?

QUAL FOI O RESULTADO?

Pense em número diferente de zero. Adicione 5 e multiplique por 4. Subtraia 20 desse produto e divida o restante pelo número que você pensou. Qual foi o resultado?

OS ALUNOS DE PITÁGORAS

Na Grécia Antiga, Polícrates, governante da Ilha de Samos, perguntando a Pitágoras quantos alunos este tinha, obteve a seguinte resposta: metade estuda Matemática, a quarta parte estuda os mistérios da natureza, a sétima parte medita em silêncio, e há ainda três mulheres. Quantos eram os alunos de Pitágoras?

A DÍZIMA PERIÓDICA

A idade de Ana Paula dividida pela idade de Andrea gerou a dízima 0,3888... Qual é a idade de cada uma, sabendo-se que cada uma delas tem idade inferior a 20 anos?

OS SALÁRIOS

O salário de Antônio é igual a 90% do salário de Pedro. A diferença entre os salários é de R$500,00. Calcule o salário de Antônio.

AS IDADES DE GLÁUCIA E CLÁUDIA

Hoje, a idade de Gláucia é o dobro da idade de Cláudia. Há doze anos, era o quíntuplo. Quantos anos Gláucia tem hoje?

A FÁBRICA

Em uma fábrica, o número de homens é o dobro do número de mulheres, mais 34. O total de funcionários da fábrica é 160 pessoas. Quantos são os homens? Quantas são as mulheres?

A CORRIDA DE TÁXI

O preço de uma corrida de táxi é igual a R$2,50 (bandeirada) mais R$0,10 por cada 10 metros rodados. Tenho R$10,00 no bolso. Logo, tenho dinheiro para pagar uma corrida de até quantos quilômetros?

O PREÇO MÉDIO DO DOCE

Comprei 5 doces a R$1,80 cada um, 3 doces a R$1,50 cada um e 2 doces a R$2,50 cada um. Qual o preço médio por doce?

A HERANÇA

Um fazendeiro repartiu 240 bois entre seus três herdeiros da seguinte forma: o primeiro recebeu $\frac{2}{3}$ do segundo e o terceiro tanto quanto o primeiro e o segundo juntos. Quanto recebeu o primeiro?

AS TORNEIRAS

Numa indústria, uma torneira de água despeja 6 litros de água por minuto e outra despeja 10 litros por minuto. Em quanto tempo as duas torneiras encherão juntas um reservatório com 832 litros?

O REAJUSTE DO SALÁRIO

Um funcionário teve seu salário reajustado em $\frac{6}{10}$ e passou a ganhar R$860,00. Qual era seu salário antes do aumento?

A ECONOMIA

Eduardo tem R$1.325,00 e Alberto, R$932,00. Eduardo economiza R$32,90 por mês e Alberto, R$111,50. Depois de quanto tempo terão quantias iguais?

AS IDADES DO PAI E DOS FILHOS

A idade atual de um pai é de 60 anos. Seus três filhos têm, respectivamente, 7, 11 e 16 anos. Daqui a quantos anos a idade do pai será igual à soma das idades dos filhos?

O PESO DO COPO VAZIO

Um copo cheio de água pesa 325g. Se jogarmos metade da água fora, seu peso cai para 180 gramas. Qual é o peso do copo vazio?

A CAIXA DE BOMBONS

Uma senhora comprou uma caixa de bombons para seus dois filhos. Um deles tirou para si metade dos bombons da caixa. Mais tarde, o outro menino também tirou para si metade dos bombons que encontrou na caixa. Restaram 10 bombons. Calcule quantos bombons havia inicialmente na caixa.

OS INGRESSOS

Na festa de final de ano de uma escola, foram requisitados a um teatro 600 ingressos dos seguintes tipos:

- Ingressos do setor A a R$5,00 cada um;
- Ingressos do setor B a R$3,00 cada um;
- Ingressos do setor C a R$2,00 cada um.
- Esses 600 ingressos custaram R$2.800,00 e foram adquiridos pelo menos três ingressos de cada tipo.

Quantos ingressos de cada tipo foram adquiridos?

A LOJA DE DISCOS

Na loja de discos, Gabriel não sabia se levava cinco CD's com etiqueta A, mais três com B (que custava a metade de A), ou se economizava 20 reais, comprando cinco com etiqueta B e três com etiqueta A. Qual o preço de cada etiqueta?

OS EXEMPLARES DE LIVROS

Uma editora tem em seu estoque 750 exemplares de um livro A, 1.200 de um livro B e 2.500 de um livro C e deseja remetê-los em pacotes, de modo que cada um deles contenha os três tipos de livros em quantidades iguais e com o maior número possível de exemplares de cada tipo. Nessas condições, remetidos todos os pacotes possíveis, qual é o número de exemplares que restarão no estoque?

O JANTAR

Durante o jantar, Ana sentou-se imediatamente à esquerda de Bernardo, Camila não ficou ao lado de Daniel, nem imediatamente à direita de Estela. Em compensação, ficou de frente para Fernando, com quem trocou inúmeros olhares furtivos. Qual era a posição de cada um ao redor da mesa?

O CAIXA ELETRÔNICO

Um caixa eletrônico trabalha com notas de 5, 10 e 50 reais. Um usuário deseja fazer um saque de R$100,00. De quantas maneiras diferentes o caixa eletrônico poderá fazer o pagamento?

A PLACA DO AUTOMÓVEL

Três estudantes estavam visitando uma cidade quando notaram que o motorista de um automóvel infringia o regulamento de trânsito. Mais tarde, comentando o caso, nenhum dos estudantes lembrava os quatro algarismos da placa do carro, mas cada um deles havia registrado alguma particularidade desse número. Um deles notara que os dois primeiros algarismos eram iguais. O segundo percebera que os dois últimos também eram iguais. Mas eram diferentes entre si, dois a dois, respectivamente. E o último estudante garantia que o número inteiro era um quadrado perfeito. Determine o número da placa desse automóvel.

O TOTAL DE CAIXAS

Uma caixa grande contém quatro caixas menores e cada caixa destas contém outras quatro caixas ainda menores. Quantas caixas há ao todo?

A VIAGEM

Durante uma viagem, choveu 5 vezes. A chuva caia pela manhã ou à tarde, nunca o dia todo. Houve 6 manhãs e 3 tardes sem chuva. Quantos dias durou a viagem?

OS ALUNOS

Numa turma de 43 alunos, 7 escrevem com a mão esquerda e 2 tanto com a mão direita quanto com a mão esquerda. Quantos alunos escrevem somente com a mão direita?

O PERÍMETRO

Um terreno quadrado tem área de 144m². Quantos metros de muro são necessários para cercá-lo?

O CONCURSO

Num concurso de perguntas, um candidato acertou a primeira e fez jus a uma certa quantia. Acertando a segunda, ganhou mais o dobro da quantia inicial. Acertando a terceira e a quarta, ganhou mais o triplo e mais o quádruplo da quantia inicial. Ao todo, recebeu R$500,00. Qual o valor do prêmio inicial?

OS ANDARES DO EDIFÍCIO

Um edifício comercial tem n andares. Em cada andar há n janelas. Se o total de janelas é 121, quantos andares tem o edifício?

OS CONDÔMINOS

Os n condôminos de um prédio deveriam pagar p reais cada um para cobrir uma despesa de R$1.500,00. Como 10 condôminos não concordaram em pagar, cada um dos outros acabou dando R$5,00 a mais para cobrir toda a despesa.

a. Quantos condôminos tem o prédio? Quanto cada um teria pago se todos tivessem concordado em pagar?

b. Quantos condôminos pagaram? Quanto pagou cada um deles?

AS IDADES DE CARLOS E ANDRÉ

Carlos é 4 anos mais velho que seu irmão André. Há 5 anos, a soma de suas idades era de 34 anos. Qual é a idade atual de cada um?

O LÁPIS

Um lápis apontado mede 18cm. A cada vez que se aponta esse lápis, seu comprimento diminui 0,25cm. Quantas vezes esse lápis deve ser apontado até que seu comprimento atinja 4,75cm?

O CERCADO RETANGULAR

Tenho material suficiente para fazer 54m de cerca. Preciso ter um cercado retangular com 180m² de área. Quanto devem medir os lados do cercado?

O TÉCNICO EM INFORMÁTICA

Para um atendimento domiciliar, um técnico em informática *X* cobra R$60,00 a visita e R$45,00 a hora de trabalho. Um técnico *Y* cobra R$40,00 a visita e R$50,00 a hora de trabalho. A partir de quanto tempo de serviço é mais econômico contratar o técnico *Y*?

OS RELÓGIOS

Considere que Pedro tem um relógio que atrasa 1 minuto a cada 6 horas, e Paulo tem um que adianta 1 minuto a cada 10 horas. Decorridas 15 horas de um instante em que ambos acertam seus relógios, qual será a diferença entre os horários que eles estarão marcando?

AS FILEIRAS DE FIGURINHAS

Uma criança organizou suas 1.378 figurinhas, colocando 3 na primeira fileira, 7 na segunda, 11 na terceira, e assim por diante, até esgotá-las. Quantas fileiras a criança conseguiu formar?

AS IDADES DE FERNANDA, NEUSA E NICE

Fernanda é doze anos mais nova que Neusa e cinco anos mais velha que Nice. Neusa tem 47 anos. Quantos anos Neuza, Fernanda e Nice têm juntas?

A PESQUISA

Uma pesquisa entrevistou 220 jovens entre 18 e 25 anos de idade e constatou que $\frac{3}{5}$ deles têm acesso à internet com frequência. De acordo com essa pesquisa, quantos jovens, entre os entrevistados, acessam a internet?

A BARRACA DE DOCES

Em uma festa junina, na barraca de doces, cada grupo de 3 docinhos é vendido por R$0,50. Ana gostou tanto dos doces que, ao final da festa, quis comprar uma caixa com 35 unidades desses docinhos. Quanto Ana pagou pela caixa de doces?

AS MESAS DO RESTAURANTE

Em um restaurante há 10 mesas, todas ocupadas, algumas por 4 pessoas e outras por 2. Se existem 34 pessoas no restaurante, quantas são as mesas ocupadas por duas pessoas? E por quatro pessoas?

O GRUPO DE JOVENS

Um grupo de jovens resolveu montar uma cooperativa para vender seus artesanatos. Para saber o preço de venda de um objeto, eles calculam o custo de produção e, sobre esse valor, acrescentam 20% mais R$7,00, que corresponde a uma taxa paga à cooperativa. Por quanto deve ser vendida uma mercadoria cujo custo de produção foi de R$45,00?

OS ABACAXIS

Pedro levou 60 abacaxis para vender no mercado. Começou vendendo cada um por R$1,50. Depois, como a venda estava fraca, baixou o preço para R$0,90, e conseguiu vender todos os abacaxis. Nesse dia, ele arrecadou R$63,00. Quantos abacaxis ele vendeu pelo preço mais caro?

A COLEÇÃO DE LIVROS

Comprei uma coleção de livros e desejo vendê-los. Por quanto devo vender essa coleção de forma que, descontados 20%, eu ainda fique com R$100,00?

A CAIXA D'ÁGUA

Uma caixa d'água está completamente cheia com 1.000 litros de água. Ocorre um vazamento de 2 litros de água por dia, através de uma rachadura no fundo da caixa. Considerando esse vazamento constante em todos os dias, calcule:

a. Quantos litros de água serão desperdiçados em 20 dias?

b. Quantos litros de água restarão na caixa após 20 dias?

A JORNADA SEMANAL DE TRABALHO

A jornada semanal de trabalho de um trabalhador francês é, em média, de 35 horas, considerando a semana de 5 dias úteis. Já a jornada semanal de um trabalhador brasileiro é, em média, 20% maior.

a. Quantas horas semanais um trabalhador brasileiro trabalha a mais que um trabalhador francês?

b. Em média, quantas horas o brasileiro trabalha por semana?

AS INDÚSTRIAS A E B

Duas indústrias A e B produziram 7.500 peças em um determinado mês. Sabendo que a produção da indústria A é o triplo da produção da indústria B, qual foi a produção de cada indústria?

O NÚMERO DE ESTUDANTES

Em determinado dia, a bilheteria de um teatro obteve R$2.840,00 vendendo ingressos para 94 pessoas. A entrada custa R$40,00 e estudantes pagam somente a metade. Quantos estudantes foram ao teatro nesse dia?

OS PESOS DE ANA CLARA, RAFAEL E RAQUEL

Ana Clara e seus primos, Rafael e Raquel, forma à farmácia. Lá viram uma balança com defeito, que só indicava corretamente pesos maiores que 25kg. Assim, eles se pesaram dois a dois e obtiveram os seguintes resultados:

- Rafael e Raquel pesaram juntos 50kg;
- Rafael e Ana Clara pesaram juntos 56kg;
- Ana Clara e Raquel pesaram juntas 30kg.

Quantos quilos tem cada um?

AS PLACAS DE SINALIZAÇÃO

Em uma avenida, existem duas placas de sinalização: uma no km 5 e outra no km 75. Entre elas, serão colocadas mais 9 placas, mantendo entre elas a mesma distância. Determine em quais km deverão ficar as novas placas.

O RESTAURANTE

Raimundo e Macabéa foram a um restaurante que cobra R$1,50 a cada 100g de comida para aqueles que comem até 600g, e R$1,00 a cada 100g para aqueles que comem mais de 600g. Quanto paga quem come 350g? E quem come 720g?

O ANÚNCIO

Um jornal cobra R$0,40 por cm^2 de anúncio. Quanto custa um anúncio em forma de quadrado com 7cm de lado?

A FESTA

Em uma festa, havia 40 pessoas. Quando sete homens saíram, o número de mulheres passou a ser o dobro do número de homens. Quantas mulheres estavam na festa?

AS CALORIAS

Uma omelete feita com dois ovos e 30 gramas de queijo contém 280 calorias. Uma omelete feita com três ovos e 10 gramas de queijo contém também 280 calorias. Quantas calorias possui um ovo?

A CONFECÇÃO

Em uma confecção, trabalham 16 costureiras, 2 supervisoras e 1 diretora. Cada supervisora ganha 25% mais que uma costureira, e a diretora ganha 50% a mais que uma costureira. Todos os meses, uma pequena parte do faturamento é colocada numa poupança para ser distribuída no fim de ano, a "caixinha do Natal". Pois bem, no fim do ano essa poupança tinha R$1.440,00. Quanto receberá cada uma?

OS MAMÕES

Um feirante levou 60 mamões para vender na feira. Começou vendendo um por R$42,00. Depois, como a venda estava fraca, baixou o preço para R$1,00 e vendeu todos os outros. Sabendo que ele arrecadou R$70,00, quantos mamões ele vendeu pelo preço mais alto?

AS PARTIDAS

Carlos e Júlio disputarão 100 partidas de um jogo. Cada vez que Carlos vencer uma partida, receberá 20 reais de Júlio, e cada vez que Júlio vencer, ele receberá 30 reais de Carlos:

a. Qual o prejuízo de Carlos se ele vencer 51 partidas e perder 49?

b. Das 100 partidas, quantas Carlos deve ganhar para ter lucro?

A MULTA

Robson atrasou por 3 dias o pagamento de uma conta de R$52,00 e verificou que a multa era de 0,2% ao dia. Determine quanto ele pagará.

A GINCANA

Todos os alunos de uma escola de Ensino Médio participarão de uma gincana. Para essa competição, cada equipe será formada por alunos de uma mesma turma com o mesmo número de participantes. Veja no quadro a distribuição de alunos por ano:

Número de alunos por ano	
6º ano	120 alunos
7º ano	108 alunos
8º ano	100 alunos

a. Qual o número máximo de alunos em cada turma?

b. Quantas equipes serão formadas na turma do 6º ano?

c. Quantas equipes serão formadas na turma do 7º ano?

d. Quantas equipes serão formadas na turma do 8º ano?

OS REMÉDIOS

O sr. Quintino toma:

- um comprimido de 4 em 4 horas
- um xarope de 6 em 6 horas

Às 10 horas, ele toma os dois remédios. A que horas ele voltará a tomar os dois remédios juntos?

O JOGO DE TÊNIS

No mês de março, Celso jogou tênis nos dias ímpares e Rodrigo jogou tênis nos dias múltiplos de 3. Quantas vezes ambos jogaram tênis no mesmo dia?

O ELEVADOR

Um elevador parte do andar térreo. Ao chegar ao 3º andar, 5 pessoas descem, no 4º andar, 2 pessoas descem e 4 sobem, no 7º andar, 1 pessoa desce e 3 sobem. No último andar, 7 pessoas descem e o elevador fica vazio. Quantas pessoas estavam no elevador no andar térreo quando ele começou a subida?

OS QUADRADOS PERFEITOS

Três algarismos distintos, combinados de três formas diferentes, representam três números cuja raiz quadrada é exta. Quais são essas combinações?

GATOS E RATOS

Um gato come 5 ratos em 5 dias. Quantos ratos 5 gatos comem em 5 dias?

AS GERAÇÕES

Jason, Jeferson e Jackson representam 3 gerações da mesma família. A idade de Jeferson é o dobro da idade de Jason, enquanto Jackson tem o triplo da idade de Jason. Determine a idade de cada um, sabendo que a soma das idades é 138.

O PÁTIO

Num pátio, há bicicletas e carros, num total de 20 veículos e 56 rodas. Determine o número de bicicletas e de carros.

O POMBAL

O gavião chega a um pombal e diz:

— Adeus, minhas cem pombas!

As pombas respondem em coro:

— Cem pombas não somos nós, com mais dois tantos de nós e com você, meu caro gavião, cem pássaros seremos então!

Quantas pombas estão no pombal?

OS COMETAS

Sabemos que muitos cometas passam pela terra de anos em anos. Um cometa A passa de 15 em 15 anos, enquanto um cometa B passa de 20 em 20 anos. Esses dois cometas passaram por aqui em 1998. Nessas condições, em que ano esses dois cometas passarão juntos, novamente, pela Terra?

O BOLO

Na preparação de um bolo para 6 pessoas, temos o seguinte:

- 4 ovos,
- $\frac{1}{2}$ litro de leite;
- 200 gramas de margarina;
- 12 colheres de farinha;
- 1 colher de fermento em pó;
- 1 xícara de chocolate em pó.

Qual será a quantidade de cada ingrediente para preparar um bolo para 48 pessoas?

A LANCHONETE

O cartaz de uma lanchonete anuncia:

OFERTA!!!

- 1 sanduíche + 2 sucos = R$5,00

- 2 sanduíches + 1 suco = R$7,00
- Qual o preço de um sanduíche?
- Qual o preço de um suco?

A PIPA

Marcos construiu uma pipa para ele e uma para seu irmão Rodrigo. Para isso, comprou um carretel de linha contendo 90m. Nas amarrações, na rabiola e no estirante, gastou 9m de linha. Do que restou, Marcos ficou com o dobro de linha que tem o irmão. Com quantos metros de linha cada um ficou?

A COLMEIA

Uma abelha-rainha havia dividido as abelhas da colmeia em grupos para exploração do ambiente: um de 288 e outro de 360 batedoras. Duas informantes, uma de cada grupo, trouxeram boas notícias: haviam encontrado canteiros floridos. Se você fosse a abelha-rainha, como dividiria todas as abelhas desses dois grupos em equipes de trabalho, sabendo que as equipes em cada grupo devem ter o mesmo número de abelhas, sendo esse número o maior possível?

O ELEVADOR

Um elevador subiu 7 andares, desceu 10, desceu mais 13, subiu 9, desceu outros 4 e parou no 5º andar. De que andar partiu o elevador?

DESCUBRA O NÚMERO NO QUAL PENSEI

- Pensei em um número
- Subtraí 3 unidades
- Multipliquei o resultado por 4
- Somei uma unidade
- O resultado deu 65

Você descobriu o número no qual eu pensei?

A CORRIDA DE CAVALOS

Um apostador chegou atrasado à corrida de cavalos e perguntou o resultado a um amigo, cuja resposta foi enigmática: "Venceu o cavalo cujo antecessor ímpar somado ao seu antecessor par resulta no maior número composto por um único algarismo. O segundo colocado foi o sucessor do primeiro; o terceiro foi o sucessor da metade do primeiro". Afinal, quem ganhou a corrida?

OS OBJETOS

Quero comprar **x** objetos de mesmo preço unitário e, para isso, disponho de **n** reais. Se eu pudesse pagar R$200,00 por objeto, sobrariam R$2.500,00. Mas, se eu pagar R$300,00 por objeto, faltarão R$1.500,00. De quantos reais disponho?

AS COMPRAS

Uma pessoa saiu para as compras e gastou, na primeira loja que visitou, a metade do dinheiro que trazia consigo. Na segunda loja que entrou, gastou a metade do que sobrara e, na terceira, metade do que ainda possuía. Depois de tudo isso, observou que ainda tinha R$24,00. Quanto essa pessoa trazia consigo quando foi às compras?

OS BOMBONS

Ontem resolvi trazer bombons para meus 35 colegas de classe. Dei 4 bombons para cada um. Dos que sobraram, dei a metade para a professora e comi o que restou, isto é, 3 bombons. Quantos bombons eu trouxe?

A FILA

Quantas pessoas formam uma fila de 222 metros de comprimento, se cada uma ocupa, em média, 60cm?

O COMPRIMENTO DO CAIBRO

Um marceneiro repartiu um caibro de 300cm de comprimento em três pedaços. Um deles tem 20cm a menos que o mais comprido e 20cm a mais que o mais curto. Qual a medida de cada pedaço?

PENSE E ECONOMIZE

Jarbas precisa alugar uma vaga no estacionamento por um ano. Pagando por mês em vez de pagar por semana, quanto ele economizará ao final do ano?

MELHOR JOGAR DO QUE ORGANIZAR

Um torneio de futebol é disputado por 32 equipes, que são inicialmente divididas em 16 grupos de 2 equipes. Essa duas equipes jogam entre si duas vezes; o vencedor continua e o perdedor é eliminado. As equipes que seguem são novamente divididas em grupos de duas, que jogam entre si duas vezes, o vencedor continua e o perdedor é eliminado, até que se conheça o campeão. Quantos jogos serão realizados?

PENSE NOS ALGARISMOS

- É um número maior que 200 e menor que 250.
- É divisível por 2, por 3 e por 5.
- Não é divisível por 7.

Que número é esse?

A SEÇÃO ELEITORAL

Numa seção eleitoral na qual dois candidatos disputam o mesmo cargo, 1.240 eleitores votaram. O eleito obteve 153 votos a mais do que seu concorrente e 147 foram os votos nulos. Quantos votos cada candidato obteve?

O DIA DO ANIVERSÁRIO DO PROFESSOR

Durante uma aula, perguntado sobre o dia de seu aniversário, o professor de matemática disse: o dia em que nasci é um número primo maior do que o quadrado e menor que o cubo do mês em que nasci. A soma do dia com o mês também dá um número primo, mas a diferença não. Em que dia ele faz aniversário?

O COMÍCIO

Foi realizado um comício político em uma semicircular com raio de 130 metros. A praça esteve lotada, calculando-se uma ocupação média de quatro pessoas por metro quadrado. Quantas pessoas estiveram presentes ao comício?

OS GAROTOS

Se der R$12,00 a cada garoto, ficarei ainda com R$60,00. E, para dar R$15,00 a cada garoto, precisarei de mais R$6,00. Quantos são os garotos?

AS PÁGINAS DO LIVRO

Um escritor escreveu, em certo dia, as 20 primeiras páginas de um livro. A partir desse dia, ele escreveu, em cada dia, tantas páginas quantas havia escrito no dia anterior, mais cinco páginas. Se o escritor trabalhou 4 dias, quantas páginas ele escreveu?

SUBTRAIA 1

Qual é o menor número natural que, dividido separadamente por 6, por 8 e por 9 dá sempre resto1?

ACOMODANDO PASSAGEIROS

Um automóvel acomoda duas pessoas nos bancos dianteiros e três no banco traseiro. De quantas maneiras distintas podem cinco pessoas ocupar esse automóvel? Imagine que todos saibam dirigir.

ENIGMA MATEMÁTICO

Ao ser indagado sobre sua idade, um matemático do século XIX deu a resposta: Minha idade é a raiz quadrada do ano em que nasci.

Quantos anos tinha o matemático? Em que ano ocorreu esse diálogo?

AS IDADES DOS FILHOS DO MATEMÁTICO

Um matemático disse: "O produto das idades de meus filhos é igual a 143". Quais são as idades (em anos) dos filhos desse matemático?

AS CANETAS

Um camelô comprou 600 canetas, planejando vendê-las R$2,75 cada uma. No entanto, algumas das canetas compradas estavam estragadas e não podiam ser vendidas. Para continuar recebendo a mesma quantia, o camelô aumentou o preço de venda para R$3,00. Quantas canetas estavam estragadas?

QUAL É O NÚMERO?

Um número natural dividido por 18 dá quociente 25 e o resto, o maior possível. Qual é este número?

A MÉDIA DAS IDADES DOS JOGADORES

A tabela mostra a distribuição das idades dos jogadores de um time de futebol:

Qual a média das idades dos jogadores?

OS COPOS

Um garoto levou os 400 copos de uma festa. Ele recebeu R$0,05 por copo que levou e pagou R$0,25 por copo que quebrou. No fim do serviço, recebeu R$18,00. Quantos copos quebrou?

O TEMPO MÉDIO

Um aluno gasta 40min para resolver 12 questões. Qual é o tempo médio que leva para resolver cada questão?

O TEMPO TOTAL DE GRAVAÇÃO

Um determinado CD contém apenas 3 músicas gravadas. Segundo a ficha deste CD, os tempos de duração das três gravações são, respectivamente, 16min42s, 13min34s e 21min50s. Qual o tempo total de gravação?

O TEMPO GASTO NO PERCURSO

Um trem percorreu a distância de 240km com uma parada de 5min na metade do caminho. Se, na 1ª metade, a velocidade média foi de 40km/h e, na 2ª metade, foi de 60km/h, qual o tempo total gasto pelo trem no percurso?

A DÍVIDA

Uma pessoa ganhou R$15,00 e foi perdoada de uma dívida de R$5,00. Quantos reais ganhou essa pessoa?

A EXCURSÃO

Em uma grande excursão, 5 ônibus partiram juntos em direção ao seu destino. Os ônibus (verde, vermelho, azul, amarelo e branco) partiram juntos em direção ao seu destino. O ônibus verde chegou logo depois do vermelho. O ônibus azul chegou junto com o amarelo, mas não foram os primeiros a chegar. O ônibus branco chegou logo antes do ônibus vermelho. Em que ordem os ônibus chegaram?

A PRODUÇÃO DE PEÇAS

Uma empresa produziu, no primeiro trimestre de um ano, 6.905 peças. No segundo trimestre, a mesma empresa produziu 765 peças a mais que no primeiro trimestre. Quantas peças a empresa produziu no semestre?

O QUADRADO MÁGICO

Este é um quadrado mágico. Você deve preenchê-lo usando os números de 1 a 9. A soma em todas as linhas, colunas e diagonais deve ser sempre 15.

AS CÉDULAS

Uma pessoa quer trocar duas cédulas de R$100,00 por cédulas de R$5,00, R$10,00 e R$50,00, recebendo cédulas de todos esses valores e o maior número possível de cédulas de R$50,00. Qual o número mínimo de cédulas que a pessoa poderá receber?

A DIVISÃO NÃO EXATA

Em uma divisão não exata, o divisor é 72, o quociente é 15 e o resto, 9. Qual é o dividendo?

OS PILOTOS

Dois pilotos iniciaram simultaneamente a disputa de uma prova de automobilismo. Enquanto Gustavo levou 66 segundos para dar uma volta completa na pista, Valdir completou uma volta em 75 segundos. Mantendo-se constante a velocidade de ambos, no momento em que Gustavo completar a volta de número 5, ele estará quantos segundos à frente?

A TV E O DVD

Se eu tivesse 750 reais a mais do que tenho, poderia comprar uma TV que custa 3.500 reais e um DVD de 580 reais. Que quantia tenho?

AS IDADES DE RAQUEL, SIMONE E DÉBORA

A soma das idades de Raquel, Simone e Débora é 37 anos. Sabe-se que Simone e Débora são gêmeas e que Raquel tinha 7 anos quando as gêmeas nasceram. Qual é a idade de Raquel ?

A DIVISÃO POR 7

O maior número possível menor do que 1.000 é divisível por 7 e pode ser calculado por 1.000 – r, sendo que **r** representa o resto da divisão de 1.000 por 7. Determine, então, o maior número possível menor do que 1.000, que é divisível por 7.

A CALCULADORA

Uma calculadora tem uma tecla T que triplica o número que aparece no visor, e uma tecla D que divide o número obtido por 11. Lucca digitou o número 616 na calculadora, apertou a tecla T e, em seguida, a tecla D. Qual o número que apareceu no visor da calculadora?

A IDADE DE CARLINHOS

A idade de Carlinhos é o maior divisor de 45, exceto 45. Qual é a idade de Carlinhos?

O TRONCO DE ÁRVORE

Um lenhador precisava cortar o tronco de uma árvore que media 15,75m. O primeiro pedaço seria de 8m, e cada pedaço cortado em seguida deveria medir a metade do anterior. Quantos cortes o lenhador precisou fazer?

O IDH

O Índice de Desenvolvimento Humano (IDH) de uma região é o valor apurado pela média aritmética de três números que expressam a longevidade, a renda per capita e o índice educacional dessa região.

A tabela indica os números de uma determinada região:

Longevidade	Renda Per Capita	Índice Educacional
0,89	0,93	0,96

Qual é o IDH dessa região?

OS ALGARISMOS 1, 6 E 9

Usando os algarismos 1, 6 e 9, sem repeti-los, podemos escrever seis números formados por três algarismos. Três deles são quadrados perfeitos. Quais são eles?

QUAL O NÚMERO INTEIRO?

Qual o número inteiro, diferente de zero, que elevado ao quadrado é igual ao seu dobro?

A DURAÇÃO DA AULA

Angélica tem, diariamente, 5 aulas de igual duração e um intervalo de 20 minutos, em um período de 4,5 horas na escola. Qual é a duração de cada aula?

O ROLO DE ARAME

O vendedor de uma loja de materiais de construção vendeu para um freguês a terça parte de um rolo de arame. Em seguida, vendeu para outra pessoa mais 9m do mesmo rolo, completando a venda de exatamente a metade do rolo de arame. Quantos metros de arame tinha esse rolo?

OS PACOTES DE LÁPIS

Ana Cláudia comprou 5 pacotes iguais de lápis, mais 13 lápis soltos. Distribuiu-os igualmente entre seus 12 alunos. Cada um recebeu 4 lápis. Quantos lápis havia em cada um dos pacotes ?

A ASSOCIAÇÃO DE PAIS E MESTRES

A APM (Associação de Pais e Mestres) da escola onde Renato estuda distribuiu 3 cadernos para cada aluno. Para isso, foram comprados 400 cadernos, sendo que já havia 305 em estoque. Essa quantidade foi distribuída igualmente entre os alunos. Quantos receberam os cadernos?

OS ÁLBUNS DE FIGURINHAS

André e seu irmão Ricardo têm, juntos, 396 figurinhas. Resolveram colá-las em dois álbuns, distribuindo-as igualmente, de modo que cada página ficasse com 9 figurinhas. Um dos álbuns tem 8 páginas a mais que o outro. Quantas páginas tem o álbum menor?

OS SOBRINHOS DE IRÂNIA

Irânia quer distribuir R$100,00 igualmente entre os seus sobrinhos. Sabe-se que, se distribuir R$85,00, cada um receberá R$1,50 a menos. Quantos são os sobrinhos de Irânia?

OS LANCHES

Em uma bandeja, há y lanches iguais que pesam, no total, 1.200g e $(y + 5)$ coxinhas, também iguais, com um peso total de 800g. Cada lanche pesa o triplo de uma coxinha. Quantos lanches e quantas coxinhas há na bandeja?

O VESTIBULAR

No domingo passado, Laura e Rodolfo prestaram vestibular em faculdades diferentes. Laura tinha 185 minutos para resolver todas as questões. Rodolfo dispunha de 210 minutos, mas sua prova tinha 5 questões a mais que a de Laura. Apesar disso, eles tiveram exatamente o mesmo tempo para resolver cada questão. Quantas questões havia na prova de Laura? E na de Rodolfo?

A PROMOÇÃO DE CDS

Em uma promoção, todos os CDs à venda tinham o mesmo preço. Reginaldo aproveitou a promoção e comprou vários CDs, gastando um total de R$176,00. Renê comprou 7 a menos que Reginaldo, gastando R$ 64,00. Quantos CDs cada um comprou?

AS QUESTÕES DA PROVA

Lauriano fez uma prova com **y** questões de valores iguais valendo, no total, 10 pontos. Errou 4 questões e tirou a quarta parte da nota total, mais 5 pontos. Quantas questões havia na prova?

O VENDEDOR DE ASSINATURAS

Um vendedor de assinaturas de uma revista especializada de informática ganha 800 reais por mês de salário fixo. Pelas primeiras 20 assinaturas vendidas no mês, ele ganha 35 reais por assinatura. Se vender mais de 20 assinaturas no mês, ele ganha 45 reais em cada assinatura adicional. Qual será o ganho desse vendedor no mês em que ele vender 57 assinaturas?

OS PACOTES DE LARANJAS

Dona Akiko quer empacotar 900 laranjas. Fez os cálculos e verificou que, se colocar **x** laranjas em cada pacote, obterá **y** pacotes. Se aumentar 2 laranjas em cada pacote, terá 5 pacotes a menos. Quantas são as laranjas em cada pacote e quantos são os pacotes?

AS POLTRONAS DO AUDITÓRIO

As 660 poltronas de um auditório são dispostas igualmente em fileiras. A diferença entre o número de poltronas de cada fileira e o número de fileiras é 8. Quantas fileiras há nesse auditório e quantas poltronas há em cada fileira?

AS DIMENSÕES DA PISCINA

O perímetro de uma piscina oficial é de 142m e a área ocupada, 1050m^2. Calcule o comprimento e a largura dessa piscina.

A MESADA

A quinta parte da mesada de Dilma é R$14,00. Qual é o valor da mesada dela?

O FATO CURIOSO

Um fato curioso ocorreu em uma família no ano de 1936. Nesse ano, Ribamar tinha tantos anos quantos expressavam os dois últimos algarismos do ano em que nascera e, coincidentemente, o mesmo ocorria com a idade de seu pai. Nessas condições, em 1936, quantos anos somavam as idades de Ribamar e de seu pai?

AS MAÇÃS

Uma loja fornece maçãs ao preço de R$0,12 a unidade ou R$2,80 por uma cesta de 3kg (1kg corresponde a 11 maçãs). Calcule quanto Pedro economizaria se ele comprasse 15kg de maçãs, pagando o preço por cesta em vez de pagar o preço por unidade.

A ESCOLA

40% dos alunos de uma escola são meninos. O total de meninas é 120. Quantos são os meninos? Quantos alunos há na escola?

AS FLORES

Há duas semanas, duas flores foram medidas e tinham 8 e 12 polegadas, respectivamente. Hoje, estão com 11 e 15 polegadas de altura. Qual das flores cresceu mais?

O CLUBE DE CIÊNCIAS

O Clube de Ciências tem quatro vasos retangulares para fazer experiências com plantas:

- 1 pé por 4 pés;
- 7 pés por 20 pés;
- 7 pés por 10 pés;
- 27 pés por 30 pés.

Qual vaso retangular é mais quadrado?

OS PALITOS DE FÓSFORO

Para realizar um trabalho de artesanato, são necessários 2.400 palitos de fósforo. Sabendo que cada caixa contém, em média, 40 palitos e que cada pacote contém 10 caixas, quantos pacotes serão usados nesse trabalho?

OS APERTOS DE MÃOS

Numa reunião de equipe, há 6 alunos. Se cada um trocar um aperto de mão com todos os outros, quantos apertos de mãos teremos ao todo?

O TERRENO RETANGULAR

Uma escola ganhou, por doação, uma tela de 40m de comprimento. A direção da escola resolveu, então, cercar um terreno retangular que tivesse a maior área possível para fazer experiências com plantas. Quais devem ser as dimensões do terreno?

O ANIVERSÁRIO DE PAULINHO

Foram convidadas 38 crianças para o aniversário de Paulinho. O pai dele precisa alugar mesas quadradas para fazer uma longa fila, colocando as mesas ao lado, uma encostada na outra. Ele quer que cada lado disponível da mesa seja ocupado por uma única criança. Qual o menor número possível de mesas que ele deverá alugar?

A CLASSE DE PEDRINHO

Na classe de Pedrinho há 37 alunos. Como choveu, faltaram 5 dos seus colegas. A professora pediu que os alunos formassem equipes de 4 alunos para resolver problemas. Quantos problemas a professora precisa ter de modo que cada equipe resolva apenas um?

A BANCA DE JORNAIS

Uma banca de jornais vende 150 jornais por dia. No domingo, ela vende 100 jornais a mais do que nos outros dias. Quantos jornais são vendidos em uma semana?

OS NÚMEROS DE DOIS ALGARISMOS

Pedrinho está pensando em dois números de dois algarismos. Esses números são formados pelos mesmos algarismos. A soma dos algarismos é 9 e a diferença é 27. Em quais números Pedrinho está pensando?

PÁGINAS DO LIVRO

Quantas vezes você usa o algarismo 9 para numerar as páginas de um livro de 99 páginas?

ADIVINHE SE PUDER

Qual é o maior número natural que você pode multiplicar por 6 e ainda ter um produto menor do que 75?

PROCURANDO IDADES

Dona Luzia tem 42 anos. A sua idade, junto com as idades de seus dois filhos gêmeos, é de 66 anos. Qual é a idade de cada um dos seus filhos?

NÚMEROS PERFEITOS

Os divisores de 6 são 1, 2, 3 e 6. O número 6 é chamado *número perfeito* porque 1+2+3 = 6 (o último divisor é igual à soma de todos os anteriores). Na sequência dos números naturais, 6 é o primeiro número perfeito. Qual é o número perfeito seguinte?

AS FICHAS DE EQUAÇÕES

Edivaldo ficou responsável por confeccionar as fichas para um jogo de equações sugerido pelo professor. No dia do jogo, o professor convidou a outra classe do 8° ano para participar da atividade, ficando com o número de jogadores igual ao dobro do previsto menos dois. Como Edivaldo distribuiu 264 fichas e cada um recebeu 6 delas, quantos alunos eram previstos inicialmente?

O CAMPEONATO DE 2005

O campeonato de 2005 é disputado por 22 times. Cada time enfrenta cada um dos outros duas vezes, uma vez em seu campo e outra no campo do adversário. Quantas partidas serão disputadas por cada time?

A COOPERATIVA

Um grupo de jovens resolveu montar uma cooperativa para vender seus artesanatos. Para saber o preço de venda de um objeto, eles calculam o custo de produção e, sobre esse valor, acrescentam 20% mais R$7,00, que corresponde a uma taxa paga à cooperativa. Por quanto deve ser vendida uma mercadoria cujo preço de produção for R$45,00?

OS AUTÓGRAFOS

Jocilene e Jocicléia colecionam autógrafos de artistas de TV. Elas já conseguiram164 autógrafos, mas 30 deles são repetidos. Montaram dois painéis com os autógrafos, sem usar os repetidos. Em um dos painéis há 12 autógrafos a menos do que no outro. Quantos autógrafos há em cada painel?

O CONCURSO PÚBLICO

Em um concurso público para uma prefeitura, inscreveram--se 60.000 candidatos. No dia do concurso, os organizadores verificaram que $\frac{2}{5}$ dos inscritos não compareceram à seleção. Quantos candidatos participaram da seleção?

O FRASCO DE XAMPU

Um frasco de xampu cheio pesa 500g. Juliana utilizou metade do xampu e verificou que o frasco passou a pesar 289g. Quantos gramas pesa o frasco vazio?

AS FOTOCÓPIAS

Um professor precisou tirar 100 fotocópias de uma folha em preto e branco e 10 fotocópias coloridas, pagando o total de R$14,00. Na semana seguinte, sem que houvesse variação nos preços, precisou tirar 200 fotocópias de uma folha em preto e branco e 5 fotocópias coloridas, pagando R$20,50. Chegando a sua casa, verificou que precisava de mais 3 fotocópias coloridas, e pediu que seu filho fosse tirar as fotocópias. Quanto custará as três fotocópias coloridas?

O AVÔ DE JÚLIA

No dia de seu aniversário em 2006, o avô de Júlia disse a ela: "Eu nasci no ano $\mathbf{x^2}$ e completei $\mathbf{x}$ anos em 1980. Quantos anos eu completei hoje?"

A MERCADORIA

Um comerciante comprou uma mercadoria por 180 reais e deseja vendê-la de forma a obter um lucro de 32%. Por quanto esse produto deverá ser vendido?

OS NÚMEROS NATURAIS CONSECUTIVOS

Escolhi dois números naturais consecutivos. Elevei cada um ao quadrado. A diferença entre os dois resultados deu 331. Quais foram os números escolhidos?

OS MENINOS E AS MENINAS

Se um menino faltar, as meninas da classe serão o dobro dos meninos. Se, em vez disso, faltarem seis meninas, haverá um mesmo número de meninas e meninos na classe. Quantos são os meninos e quantas são as meninas dessa classe?

OS COMERCIANTES

O comerciante A vende castanhas por R$0,85 o quilograma. O comerciante B vende o pacote de 1,2kg por R$1,00.

a. Qual comerciante pratica o melhor preço?

b. Qual é a diferença de preço entre os dois comerciantes para um pedido de 15kg de castanhas?

AS DUAS POSSIBILIDADES

Uma loja oferece seus produtos com duas possibilidades de pagamento:

a. À vista, com 15% de desconto;

b. Em duas prestações mensais iguais, "sem desconto", vencendo a primeira no ato da compra.

- 1) Qual é a melhor alternativa para eu comprar um aparelho de DVD que custa R$100,00?
- 2) Qual o juro cobrado por essa loja no pagamento a prazo?

VIAGENS ESPACIAIS

A distância da Terra a Vênus é de 40.200.000km. Em quantos dias, aproximadamente, uma espaçonave chegaria a Vênus se viajasse a uma velocidade de 24.000km/h?

O SALÁRIO

Do meu salário, gastei $\frac{2}{5}$ com aluguel. Do que sobrou, gastei metade com alimentação. Da segunda metade, coloquei $\frac{1}{3}$ na poupança. Restaram-me R$300,00. Qual é o valor do meu salário?

A VITÓRIA-RÉGIA

Um fazendeiro colocou numa lagoa uma vitória-régia que dobra de tamanho a cada dia, e, ao final de 30 dias, ela ocupou a lagoa inteira. Em quantos dias duas vitórias-régias ocupariam toda a lagoa?

A PRODUÇÃO SEMESTRAL

Uma fábrica de ar-condicionado produziu **x** unidades no primeiro semestre, e, a cada semestre seguinte, ocorreu um aumento constante de 500 unidades em relação ao semestre anterior. Se a produção em dois anos foi de 6.200 unidades, quantas unidades foram produzidas no primeiro semestre?

O LUCRO

Qual é o lucro, em porcentagem, de uma pessoa ao vender por 250 reais um produto que custou 230 reais?

O EMPRÉSTIMO

André tomou um empréstimo de R$450,00 a juros de 12% ao mês. Qual será a dívida de André em seis meses?

O ÍNDICE DO PIB

O cálculo do índice do PIB é feito com a seguinte fórmula:

$$\text{\'Indice do } PIB = \frac{\log(PIB \text{ per capita}) - log100}{log40000 - log100}$$

Em que o PIB per capita é o valor da renda per capita de um país. O valor máximo de renda per capita, em dólar, é considerado 40.000 dólares para efeito desse cálculo. (Considerar $\log 2 \simeq 0{,}301$).

Qual é, aproximadamente, o índice do PIB de um país cujo PIB é 10.000 dólares?

A FESTA DE CONFRATERNIZAÇÃO

Os alunos do Telecurso se organizaram para fazer uma festa de confraternização. No salão de festas, eles juntaram algumas mesas quadradas para formar uma única mesa. Se eles juntarem duas mesas, poderão colocar 6 cadeiras; se juntarem 3 mesas, poderão colocar 8 cadeiras; se juntarem 4 mesas, poderão colocar 10 cadeiras, como mostrado na figura abaixo:

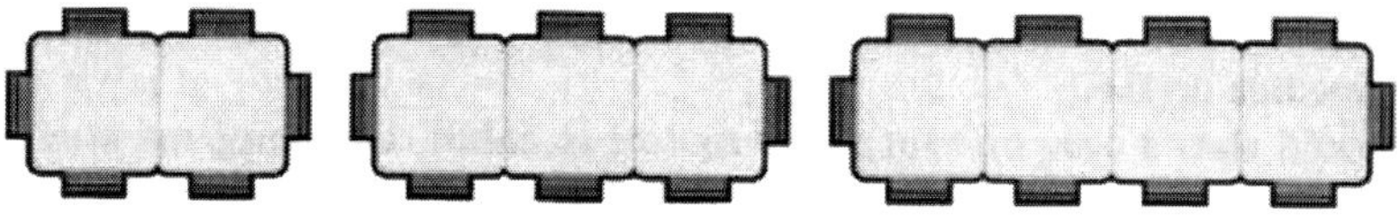

Calcule o número de mesas que deverão ser colocadas para 40 cadeiras.

A BALANÇA

A balança está em equilíbrio. Todos os troféus têm o mesmo peso e cada bloco pesa 2 kg.

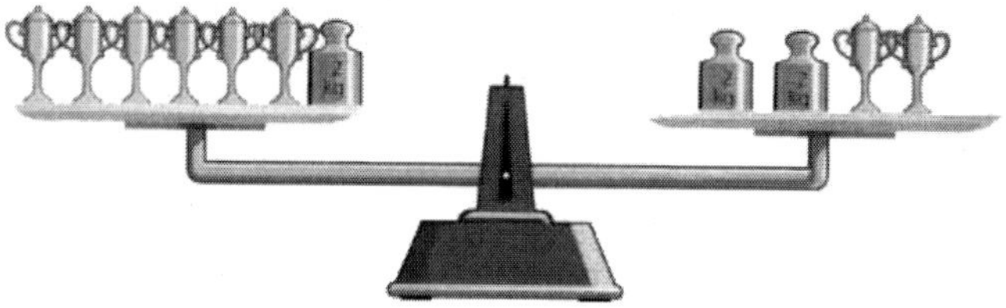

Quanto pesa cada troféu?

O TERRENO RETANGULAR

Mariana possui um terreno retangular de 30 m de frente por 20 m de fundo. Nesse terreno, ela quer construir um canteiro retangular que será destinado à implantação de uma horta comunitária. Ela quer deixar uma faixa de 1 m no entorno do canteiro, como mostra a figura abaixo. Qual é a área que será destinada ao canteiro?

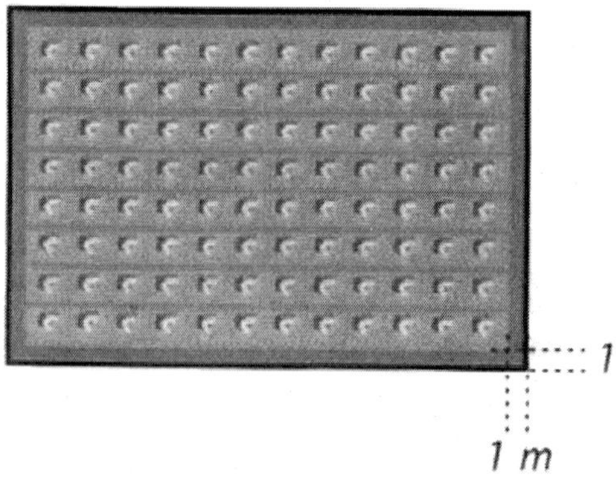

O POSTE

Para sustentar um poste de 4 m de altura, perpendicular ao chão, os funcionários da prefeitura esticarão um fio que deverá ficar preso ao chão a uma distância de 3 m da base do poste, como mostra o desenho abaixo. Qual deverá ser o comprimento mínimo do fio?

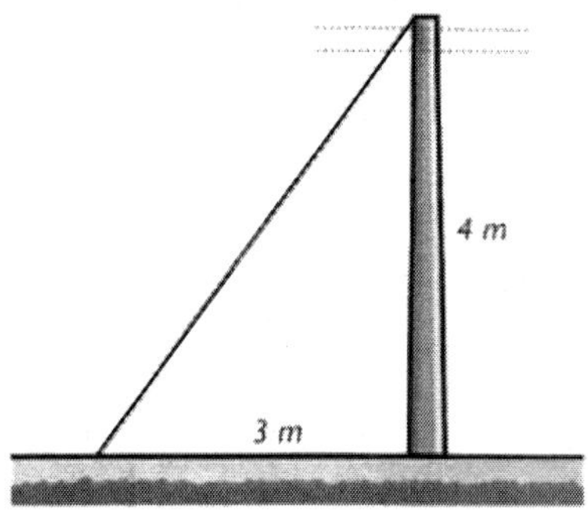

O QUADRILÁTERO

No quadrilátero abaixo, a – b = 70°. Utilizando os ângulos indicados, determine as medidas de **a** e **b**. Lembre-se de que a soma dos ângulos internos de um quadrilátero é igual a 360°.

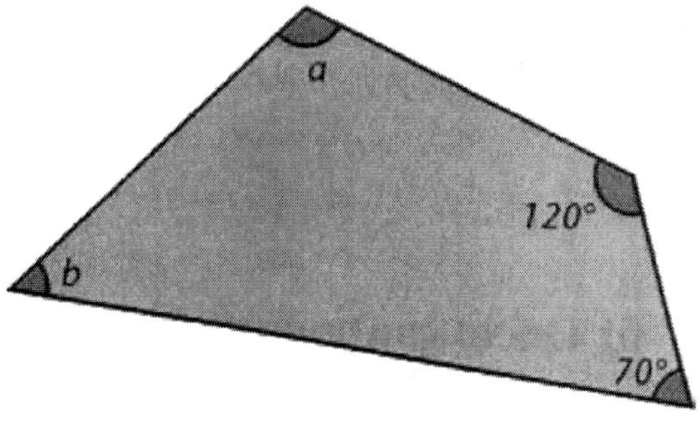

A CIRCUNFERÊNCIA DA TERRA

Eratóstenes, cerca de 300 anos antes de Cristo, conseguiu uma estimativa muito boa para o comprimento da circunferência da Terra, usando muita engenhosidade e alguns conhecimentos de Matemática.

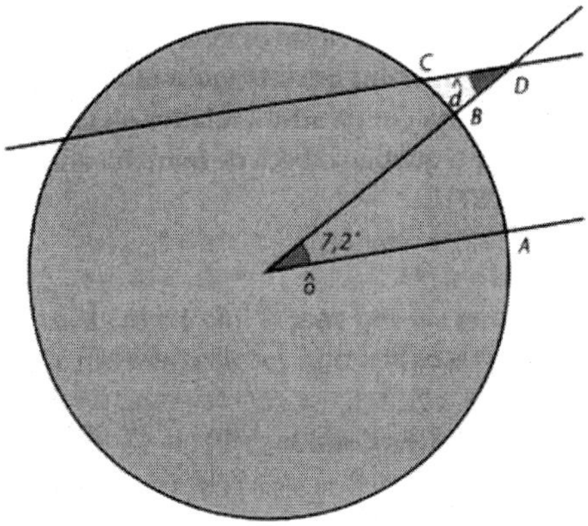

No dia de solstício de verão (o dia mais longo do ano), na cidade que hoje se chama Assuã, no sul do Egito (ponto A), ao meio--dia, os raios solares eram exatamente verticais. Ao mesmo tempo, em Alexandria, também no Egito (ponto B), que fica sob o mesmo meridiano de Assuã, foi colocada uma estaca (BD) perfeitamente na vertical, conforme a figura. Usando conhecimentos de Trigonometria, ele constatou que o ângulo D vale 7,2°: assim, o ângulo **ô** também tem essa medida, conforme indicado na figura. Sabendo que a distância entre Assuã e Alexandria, indicada na figura pelo arco AB, vale 785 km, estime com esses dados o comprimento da circunferência da Terra.

O SEGMENTO

Sabendo que B'C' = 4 cm, A'C' = 2 e AC = 6, encontre o valor do segmento BC.

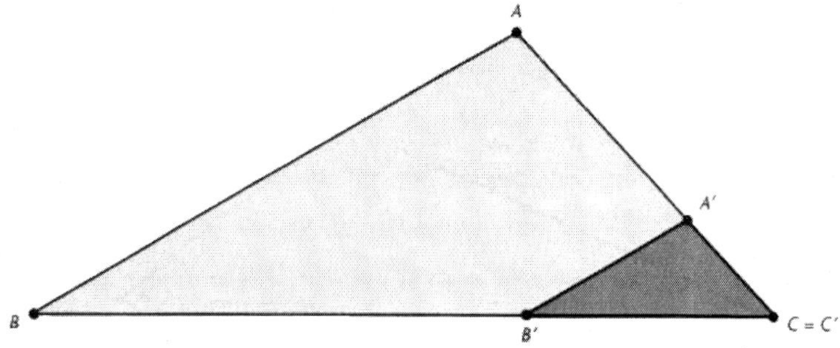

O CENTRO E O RAIO DA CIRCUNFERÊNCIA

Observe a circunferência representada no plano cartesiano. Qual é a coordenada do centro da circunferência e quantas unidades de comprimento tem o raio dessa circunferência?

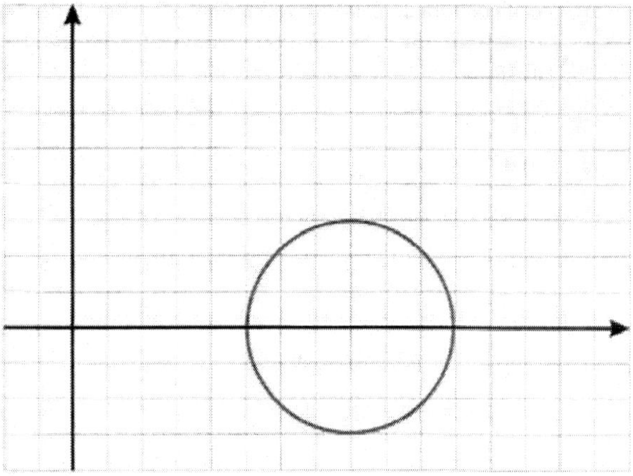

A MALHA RETANGULAR

Observe os caminhos desenhados na malha de retângulos. O caminho AB tem 92 unidades de comprimento, e o caminho CD tem 84 unidades de comprimento. Quais são as medidas dos lados dos retângulos dessa malha, em unidades de comprimento?

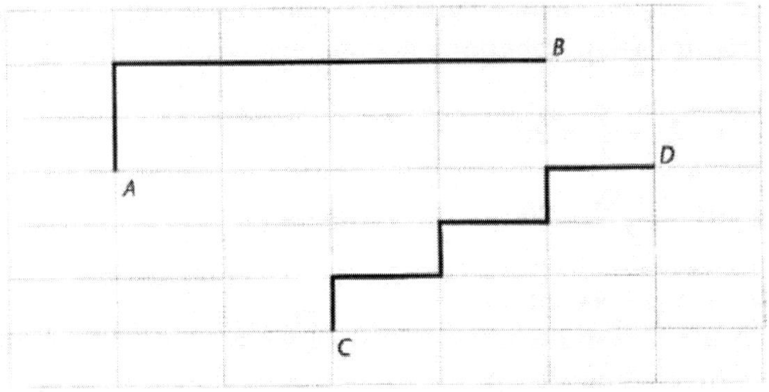

A TÁBUA QUADRADA

Um professor pediu para um marceneiro cortar um pedaço de tábua, em forma de quadrado, em nove quadrados pequenos. No pedaço de tábua está escrito que sua área é igual a 2.304 cm², como mostra a figura. Quanto medirá o lado de cada quadradinho?

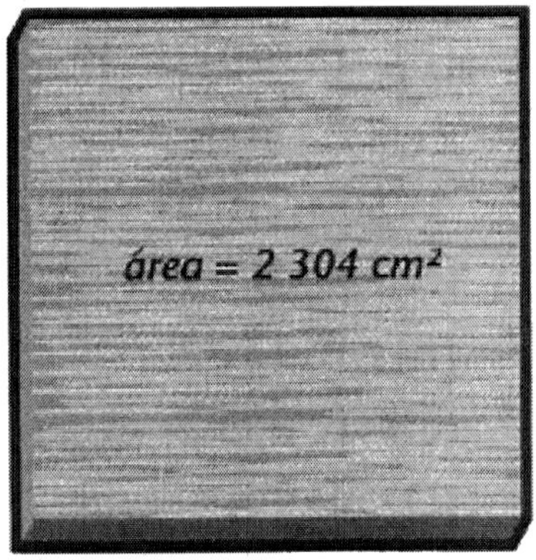

O NADADOR

Um nadador resolveu nadar do ponto A ao C em uma piscina retangular que mede 50 m por 16 m.

Calcule a medida aproximada do trajeto feito pelo nadador.

A TIROLESA

Um grupo de jovens improvisou um tipo de tirolesa, utilizando um penhasco situado à margem de um rio, conforme o esquema abaixo. Sabendo-se que gastaram 67 m de cabo de aço amarrado numa estaca no alto do penhasco até a base de uma árvore do outro lado do rio e que esse rio tem 30 m de largura, qual era aproximadamente a altura do penhasco indicada na figura?

OS EDIFÍCIOS

Um fio de 25 m de comprimento foi esticado entre os topos de um edifício de apartamentos e de uma escola, como mostra a figura. Sabendo que a escola tem 14 m de altura e a distância entre os dois prédios é de 20 m, qual é a altura do edifício de apartamentos?

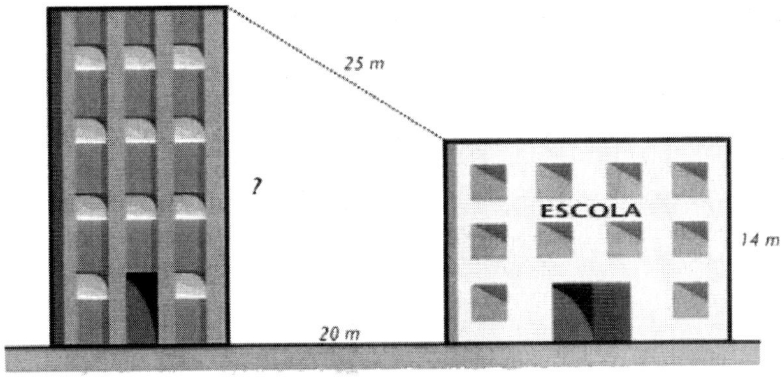

TRIÂNGULOS SEMELHANTES

Determine as medidas de **x** e **y**, sabendo que os triângulos da figura abaixo são semelhantes.

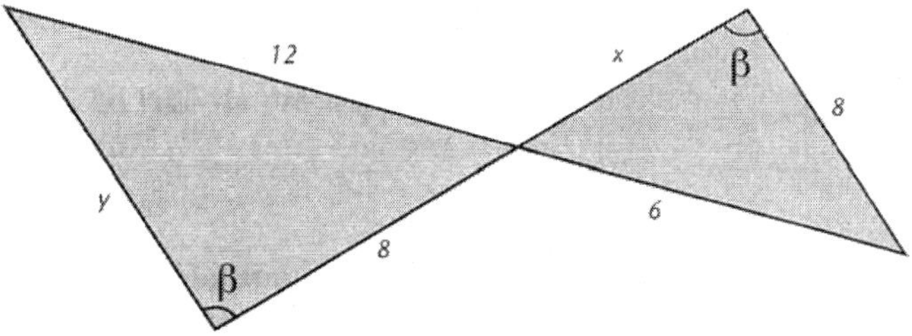

A DISTÂNCIA ENTRE AS CIDADES

Com o auxílio de uma régua, meça a linha que indica a distância entre as cidades de Brasília e Rio de Janeiro. Sabendo que o mapa está na escala de $\frac{1}{30\ 000\ 000}$, determine a distância real aproximada entre essas duas cidades, em linha reta.

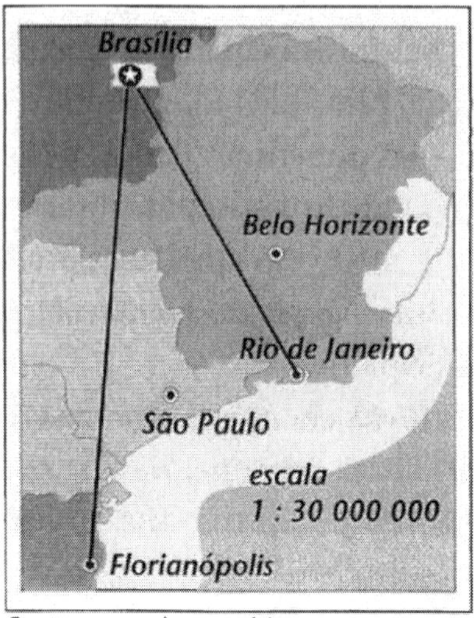

Fonte: www.br.geocities.com

O LADO DO CARTÃO QUADRADO

Maria encomendou um cartão quadrado em uma loja, de modo que a área disponível para a parte escrita fosse um quadrado de 100 cm², com todas as margens (superior, inferior, esquerda e direita) medindo 2 cm de largura, conforme indicado ao lado. Quais são as medidas do lado do cartão quadrado?

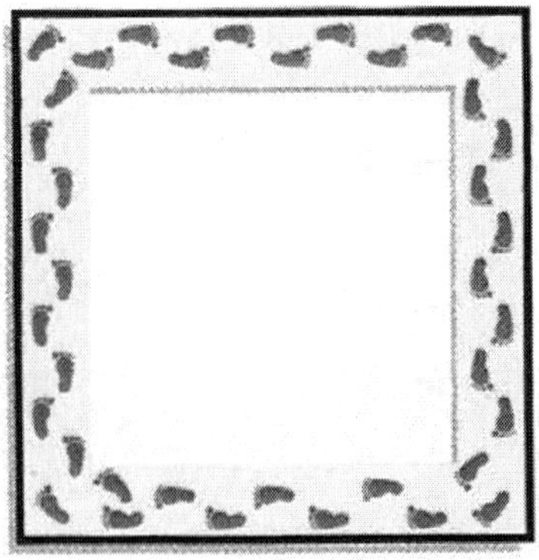

O LEVANTAMENTO ESTATÍSTICO

Um teste com cinco questões foi aplicado em uma classe. O levantamento estatístico dos acertos foi registrado no seguinte gráfico:

Determine, a partir do gráfico, o número de alunos dessa classe.

A MAIOR ÁREA

Os quadros abaixo têm todos o mesmo tamanho:

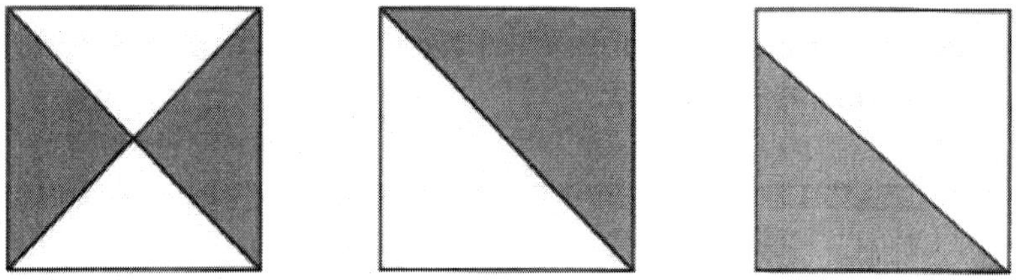

I II III

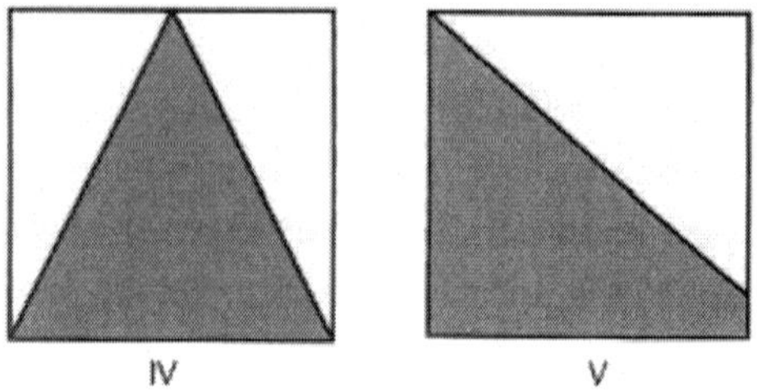

Em qual deles a região sombreada tem a maior área?

A DIAGONAL DA PRAÇA

A prefeitura está reformando a praça central, que tem o formato de um retângulo, e vai fazer uma pista para caminhadas em seu redor e na diagonal do terreno, como mostra a planta abaixo:

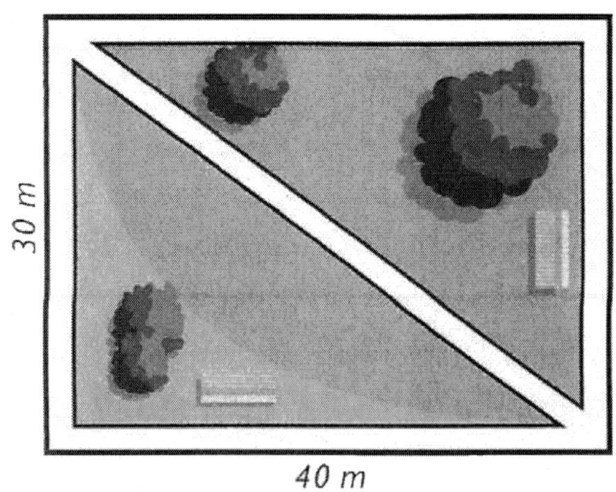

Sabendo que a pista que passa na diagonal da praça forma um triângulo retângulo com as suas pistas laterais, qual é o comprimento (em metros) da pista que passa pela diagonal da praça?

A LIGAÇÃO ELÉTRICA

Quantos metros de fio são necessários para fazer a ligação da luz de um poste de 7 m de altura até a caixa de luz que está na parede da frente da casa, a uma altura de 1 m do chão e a 8 m da base do poste?

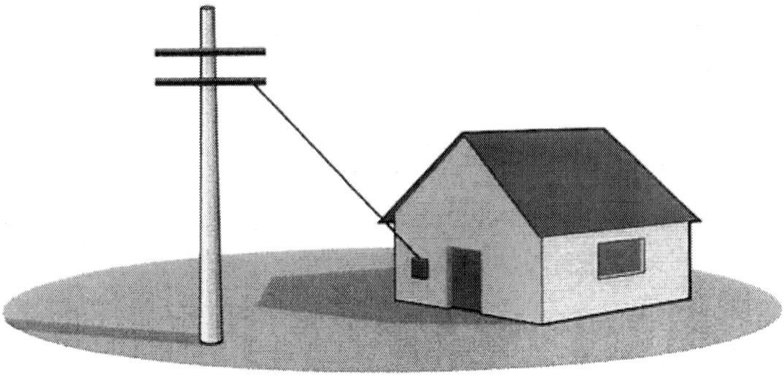

A MEDIDA DO ÂNGULO

Qual é a medida do menor ângulo formado pelos ponteiros de um relógio quando ele marca 2h?

O COMPRIMENTO DA ESTRADA

Para se deslocar da cidade B para a cidade C, é necessário passar pela cidade A. No entanto, está sendo planejada a construção de uma estrada ligando as cidades B e C em linha reta. Usando os dados indicados na figura, calcule aproximadamente o tamanho da estrada nova que ligará B a C.

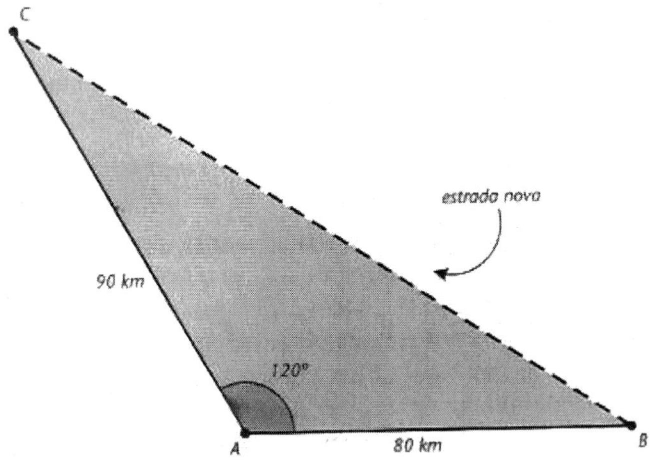

A MONTANHA

Bruna avistou uma montanha sob um ângulo de 30°. Andou 200 m em linha reta, em direção a ela, ao longo de uma superfície plana, e a avistou sob o ângulo de 45°. Qual é a altura aproximada da montanha?

Observação: Podem-se medir ângulos com um instrumento chamado teodolito. No problema, ignore a altura do instrumento, considerada desprezível diante do tamanho da montanha.

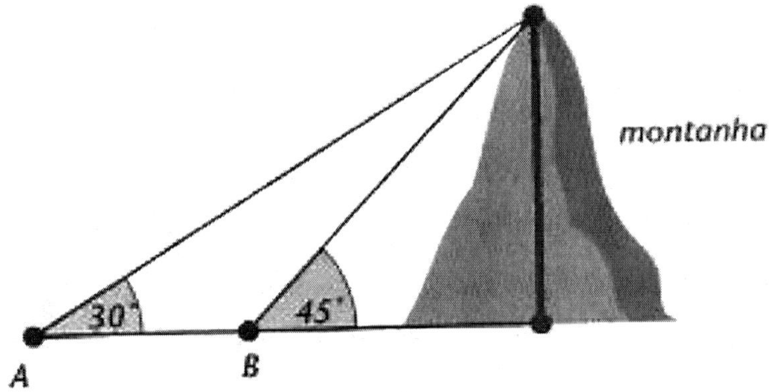

A ILHA

Dois amigos se encontram no litoral de uma ilha, a 5 km um do outro, conforme indica a figura. Ambos avistam um monumento em uma ilha vizinha. Abel descobriu que o ângulo BAM mede 105°, e Bruno descobriu que ABM = 45°. A é o ponto onde Abel se encontra, B é o ponto onde Bruno se encontra e M é o ponto onde está localizado o monumento. Com esses dados, eles estimaram a distância de Abel ao monumento. Calcule você também aproximadamente essa distância.

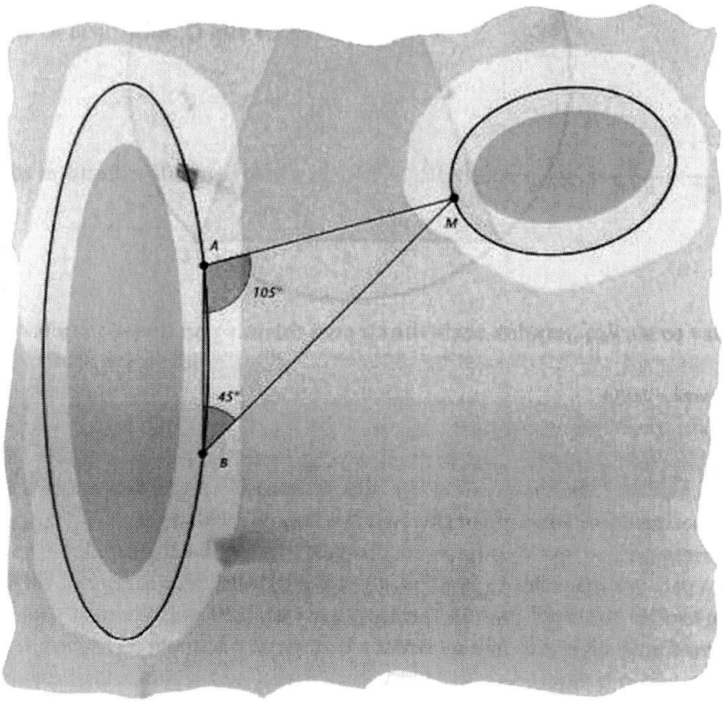

O TESTE DE MÚLTIPLA ESCOLHA

Um teste é composto de dez questões de múltipla escolha, sendo cada questão com quatro alternativas, uma única correta. Quantos gabaritos podem ser montados?

GABARITO	
1)	(a) (b) (c) (d)
2)	(a) (b) (c) (d)
3)	(a) (b) (c) (d)
4)	(a) (b) (c) (d)
5)	(a) (b) (c) (d)
6)	(a) (b) (c) (d)
7)	(a) (b) (c) (d)
8)	(a) (b) (c) (d)
9)	(a) (b) (c) (d)
10)	(a) (b) (c) (d)

A FILA

De quantos modos 3 rapazes e 4 moças podem se colocar em uma fila de modo que as moças fiquem juntas?

O OCTÓGONO

Quantas retas distintas podem ser obtidas passando por dois vértices quaisquer de um octógono?

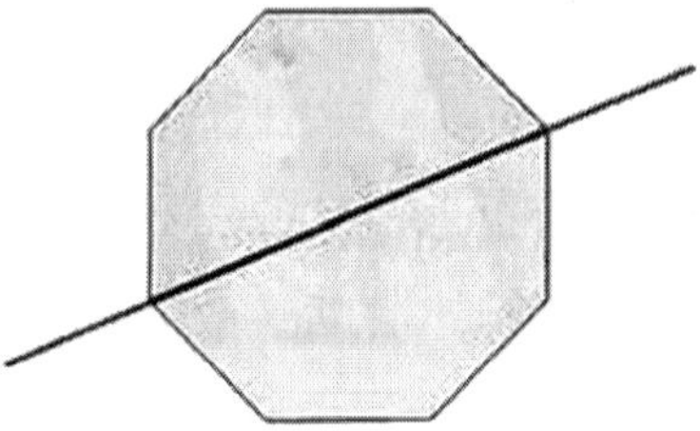

OS ANAGRAMAS

Quantos são os anagramas da palavra CORAGEM:

a. Que começam por consoante e terminam por vogal?

b. Que têm as letras C, O, R, juntas nessa ordem?

c. Que têm as letras C, O, R, juntas em qualquer ordem?

d. Que têm as vogais e consoantes intercaladas?

e. Que têm a letra C no primeiro lugar e a letra O no segundo lugar?

A PRATELEIRA

De quantos modos é possível colocar em uma prateleira 5 livros de Matemática, 3 livros de Geografia e 4 livros de Português, sendo todos distintos, de modo que os livros de uma mesma disciplina permaneçam juntos ?

AS COMISSÕES

Dados 8 alunos e 6 professores, de quantos modos podemos formar uma comissão com 5 pessoas, de modo que:

a. Na comissão figurem exatamente 2 professores?

b. Na comissão figurem exatamente 3 professores?

O NÚMERO DE CASOS

Os médicos de um município acompanharam, durante um ano, os casos registrados de uma doença. O gráfico a seguir mostra o número de casos registrados a cada mês:

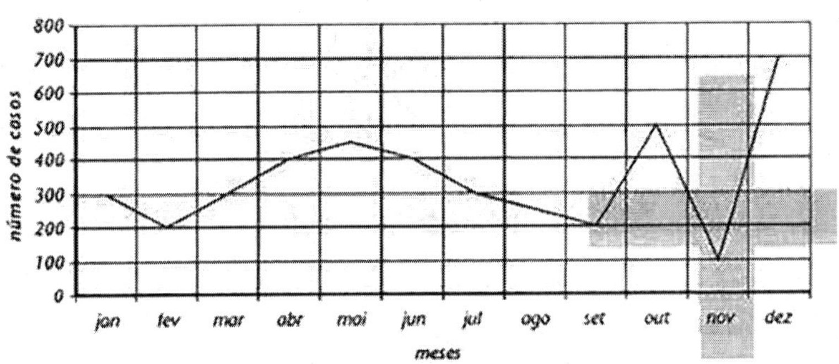

De acordo com o gráfico, é possível afirmar que:

a. Entre outubro e novembro, registrou-se a maior queda do número de casos da doença.

b. A incidência de casos registrados decresceu a partir de maio até setembro.

c. O maior número de casos da doença ocorreu no mês de outubro.

d. O menor número de casos da doença ocorreu no mês de julho.

A SOMBRA DA ÁRVORE

Uma árvore projeta uma sombra de 18 m quando os raios de Sol formam um ângulo de 30° com o chão. Calcule a altura aproximada da árvore.

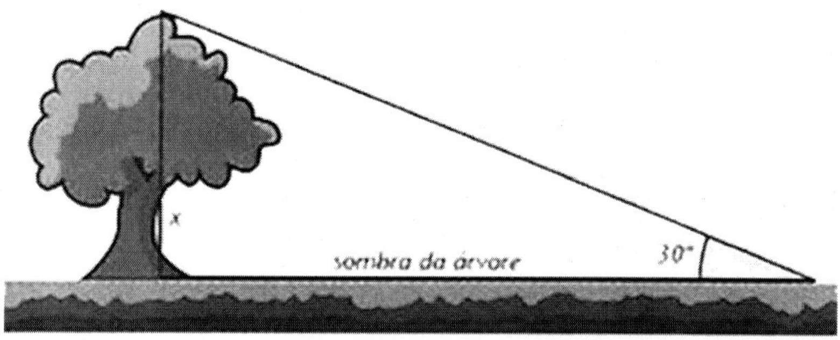

A VELOCIDADE MÉDIA DOS VEÍCULOS

Um sistema de radar é programado para registrar automaticamente a velocidade de todos os veículos que trafegam por uma avenida. A velocidade máxima permitida no local é de 55 km/h. Sabe-se que nessa avenida passam em média 300 veículos por hora. Um levantamento estatístico dos registros do radar permitiu a elaboração da distribuição percentual de veículos de acordo com sua velocidade aproximada. Analise o gráfico e calcule a velocidade média dos veículos que trafegam nessa avenida.

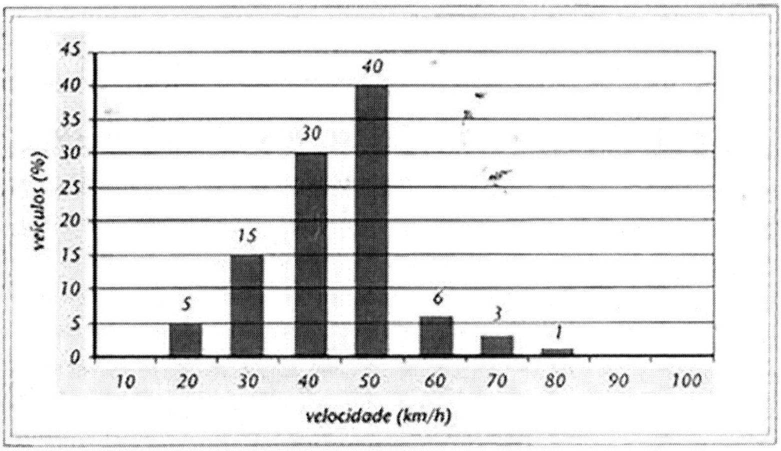

A CAIXA

Na casa que está construindo, Arlindo colocou uma caixa que comporta 16 mil litros de água. A figura abaixo mostra a representação dessa caixa.

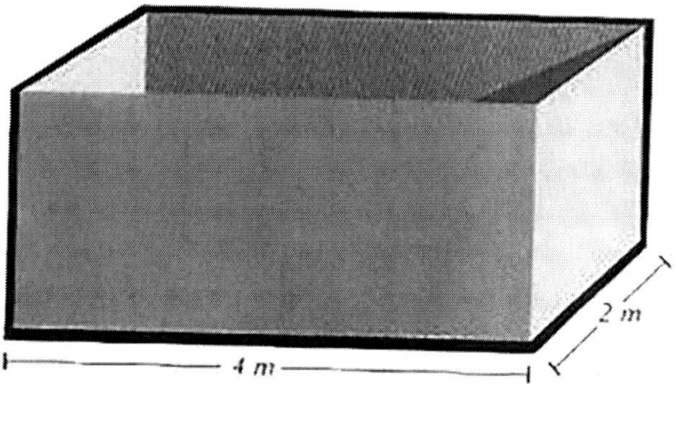

Qual é a medida da altura dessa caixa?

OS CUBOS

Alberto construiu com cartolina os dois cubos representados abaixo. A aresta do primeiro é a metade da aresta do segundo cubo. Qual é a razão entre o volume do cubo 1 e o volume do cubo 2?

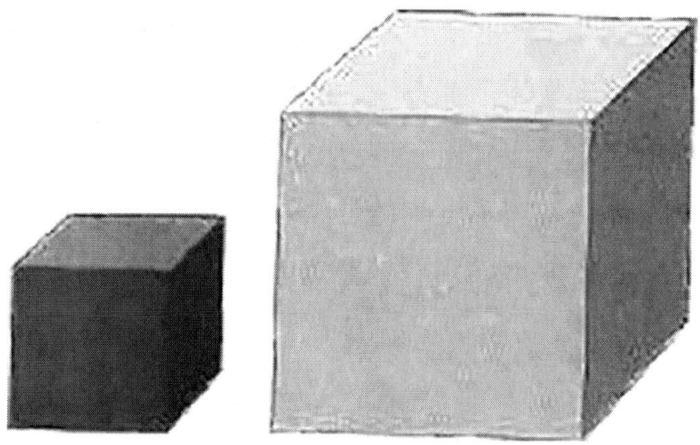

cubo 1 cubo 2

OS TANQUES

Qual dos tanques desenhados abaixo possui o maior volume?

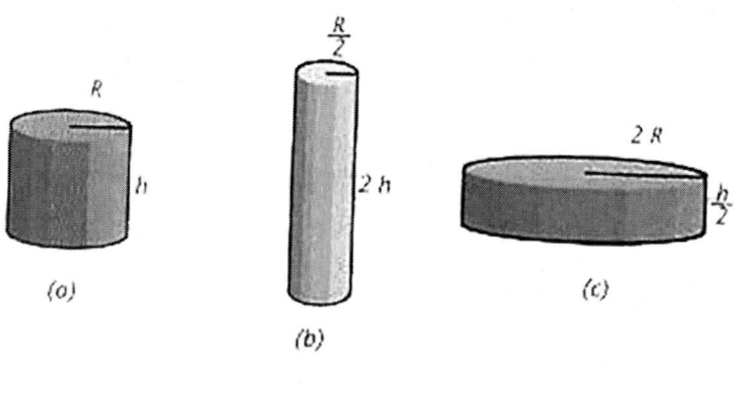

O COPO CÔNICO

Um copo de suco tem a forma cônica, como mostra a figura abaixo. Se a capacidade do copo é de 250 m*l*, qual é a altura **h** do copo?

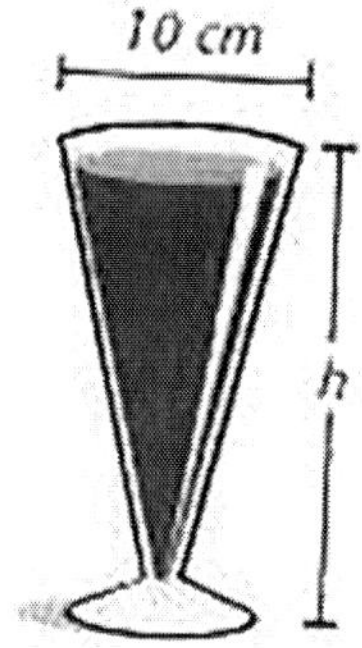

A LATA

Na casa de Manoel, há uma caixa d'água vazia com capacidade de $2m^3$. Manoel encherá a caixa trazendo água de um rio próximo, em uma lata de 40 cm de altura, cuja base é um quadrado de lado 30 cm, como mostra a figura. Para encher o reservatório completamente, quantas vezes, no mínimo, Manoel precisará ir ao rio buscar água?

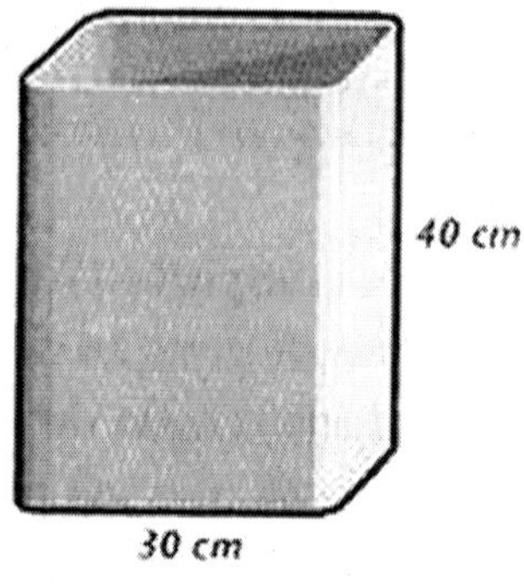

O TRANSPORTE DAS CAIXAS

Ricardo precisa transportar certa quantidade de caixas, e, para isso, ele usará carrinhos de mão. Se ele transportar duas caixas em cada carrinho, sobrarão 13 caixas. Se ele transportar 3 caixas em cada carrinho, 3 carrinhos não serão utilizados. Qual é a quantidade de caixas que Ricardo deverá transportar?

A SENHA DO CARTÃO

Uma pessoa esqueceu a senha do cartão do banco, mas fez algumas anotações para o caso de isso acontecer. Veja:

- O quinto número adicionado ao terceiro é igual a 14.
- O quarto número é uma unidade maior que o segundo.
- O primeiro número é uma unidade menor que o dobro do segundo.
- O segundo número adicionado ao terceiro é igual a 10.

- a soma de todos os números é 30.

Qual era a senha?

OS JARROS

Você possui um jarro A com capacidade de 8 litros contendo 8 litros de água. Usando apenas outros dois jarros – um de 5 litros (jarro B) e outro com 3 litros (jarro C) – nenhum destes com marcas ou divisões, faça a repartição em dois dos jarros, com 4 litros cada um.

O NÚMERO DE ALUNOS DA TURMA

Um professor dividirá os alunos de uma de suas turmas em grupos. Na tentativa de dividi-los em grupos de 8 alunos, sobraram 3 alunos; na tentativa de dividi-los em grupos de 6 alunos, também sobraram 3; e na tentativa de dividi-los em grupos de 12 alunos, também sobraram 3. Se n é o número de alunos dessa turma e $115 < n < 130$, calcule n.

OS SAPATOS

Paola gosta muito de sapatos. O quadrado do número de sapatos que ela possui é um número de três algarismos consecutivos, que não estão necessariamente em ordem crescente. A soma dos algarismos do quadrado do número de sapatos de Paola é o dobro de um quadrado perfeito. Quantos sapatos ela possui?

A COLEÇÃO DE LAPISEIRAS

Pedro possui uma coleção de lapiseiras. Marina, sua prima, fez-lhe uma visita e perguntou-lhe se poderia observar a coleção. Após admirar a coleção, quis saber quantas lapiseiras havia. Pedro lhe disse que havia **n** lapiseiras em sua coleção, sendo **n** um número primo constituído de dois algarismos consecutivos. A soma dos quadrados dos algarismos de **n** é um número primo. Quantas lapiseiras Pedro possui?

O NÚMERO DE PÃES

Marcos havia saído para comprar pães a pedido de sua mãe, mas não conseguia lembrar qual era o número de pães que teria de comprar. Lembrava somente que era um número de dois algarismos, primo, cuja soma de seus algarismos era o quadrado de um número primo. Por fim, também se lembrava de que o número em questão jamais seria o último dia de um mês. Quantos pães Marcos teria de comprar?

EM QUE MÊS MARISA NASCEU?

Marisa nasceu no século XXI. A sua data de nascimento pode ser representada por 6 dígitos, sendo os dois primeiros para indicar o dia do mês, o terceiro e o quarto indicam o mês e o quinto e o sexto indicam o ano. Por exemplo, se ela nasceu no dia 2 de janeiro de 2014, podemos escrever 020114. Sabendo que sua data de nascimento, quando escrita dessa forma, é um número palíndromo, ou seja, quando lido ao contrário não muda, qual foi o mês em que nasceu Marisa nasceu?

TIJOLOS NO CAMINHÃO

Um pequeno caminhão pode carregar 50 sacos de areia ou 400 tijolos. Se foram colocados no caminhão 32 sacos de areia, quantos tijolos ele pode ainda carregar?

IDADES DE DUAS PESSOAS

As idades de duas pessoas há oito anos estavam na razão de 8 para 11. Agora, estão na razão de 4 para 5. Qual é a idade da mais velha atualmente?

QUANTAS PÁGINAS TEM O LIVRO?

Se eu leio cinco páginas por dia de um livro, termino de lê-lo 16 dias antes do que se estivesse lendo três páginas por dia. Quantas páginas tem o livro?

QUANTOS NOVES?

Quantos noves existem entre 0 e 100?

BANDO DE MARRECAS

Dois caçadores saíram para abater marrecas à beira de um grande lago. Eis que surge um bando de marrecas comandado por uma líder e guiado por uma batedora. Ao avistar os caçadores, a marreca batedora imediatamente altera a rota do bando, levando suas companheiras para um local seguro. Lá chegando, comenta com a marreca líder:

— Chegamos ilesas, toda a centena!

A marreca líder retruca:

— Você deve estar estressada. Desaprendeu até a contar. Falta muito para chegarmos a cem. Faça você mesma a conta: duplique nosso número, acrescente mais a metade e mais um quarto, e não se esqueça de incluir você na conta. Dessa forma, conseguirá acertar o número.

Qual é o número real das marrecas?

PROBLEMA DAS IDADES

Eu tenho o dobro da idade que tu tinhas quando eu tinha a tua idade. Quando tu tiveres a minha idade, a soma das nossas idades será de 45 anos. Quais são as nossas idades?

QUANTO DINHEIRO?

Um homem gastou tudo o que tinha no bolso em três lojas. Em cada uma gastou R$ 1 a mais do que a metade do que tinha ao entrar. Quanto o homem tinha ao entrar na primeira loja?

GARRAFAS DE VINHO

Um comerciante compra uma caixa de vinho estrangeiro por R$ 1.000 e a vende pelo mesmo preço, depois de retirar quatro garrafas e aumentar o preço da dúzia em R$ 100. Qual é o número original de garrafas de vinho na caixa?

O NÚMERO DE PÁGINAS DO LIVRO

Para numerar as páginas de um livro consecutivamente, desde a primeira página, são usados 852 algarismos. Quantas páginas tem o livro?

A EMPRESA DE CHOCOLATES

O preço de custo de um chocolate é R$ 0,20 cada. A fábrica de chocolates calcula que, se vender cada chocolate por x reais, os consumidores comprarão $10 - x$ chocolates por dia. Qual é o preço de venda do chocolate que maximiza o lucro do dono da empresa?

QUANTOS HOMENS PRECISAM SAIR DA SALA?

Em uma sala onde estão 100 pessoas, sabe-se que 99% são homens. Quantos homens devem sair para que a porcentagem deles na sala passe a ser 98%?

ESCADA ROLANTE

Deseja-se descobrir quantos degraus são visíveis em uma escada rolante. Para isso, foi feito o seguinte: duas pessoas começaram a subir a escada juntas, uma subindo o degrau de cada vez, enquanto que a outra subia dois. Ao chegar ao topo, o primeiro contou 21 degraus, enquanto o outro, 28. Com esses dados, foi possível responder a questão. Quantos degraus são visíveis nessa escada rolante? (Obs.: A escada está andando.)

O GRUPO DE AMIGAS

Num grupo de 25 amigas, 6 são altas e loiras, 11 são baixas e 13 são loiras. Considerando que todas as meninas que não são loiras são morenas (não há ruivas), quantas amigas são altas e morenas?

O VALOR DO DEPÓSITO

Um trabalhador, ao receber seu salário de R$ 2.840,00, foi depositá-lo em sua conta corrente. No banco, resolveu transferir parte do salário para uma conta poupança. Mais tarde, pensou que, se tivesse transferido o dobro do valor que transferiu, ainda teria R$ 2.080,00 do salário disponível na conta. O valor do depósito feito foi de:

( ) R$380,00 ( ) R$760,00 ( ) R$190,00 ( ) 1 040,00

A ONG PARA ANIMAIS ABANDONADOS

Em uma ONG que tem como objetivo encontrar lar para animais abandonados, havia 32 animais. Em uma semana, foram adotados 15 animais e chegaram mais 8. Na semana seguinte, chegaram mais 13 e foram adotados 22. Na terceira semana, chegaram mais 4 e apenas 1 foi adotado. Quantos animais havia na ONG ao final da terceira semana?

DESCUBRA A SENHA DE FLÁVIO

Para não esquecer suas senhas, Flávio anotou alguns números e criou um algoritmo para saber qual é cada um dos dígitos da senha. Ele extrai a raiz do número anotado, soma os algarismos até ter apenas um dígito e soma uma unidade a ele. Esse resultado é o dígito da senha de Flávio. Veja os números que ele anotou e como ele descobriu o primeiro dígito da sua senha.

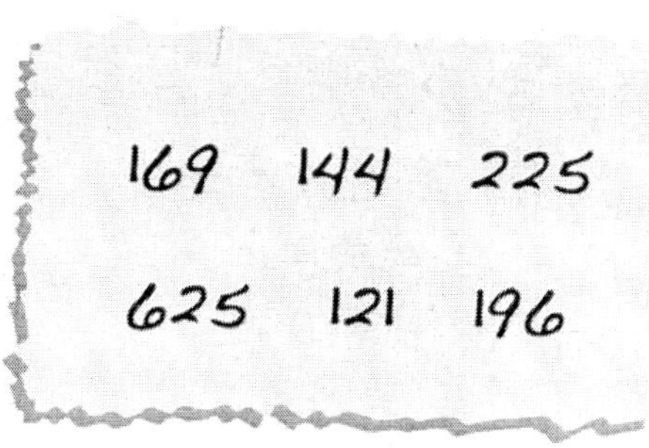

$169 \rightarrow \sqrt{169} = 13 \rightarrow 1 + 3 = 4 \rightarrow 4 + 1 = 5$ (o primeiro dígito é 5).

Descubra a senha de Flávio.

OS MEDICAMENTOS

Um médico, ao prescrever uma receita, determina que três medicamentos sejam ingeridos pelo paciente de acordo com a seguinte escala de horários: remédio A, de 2 em 2 horas, remédio B, de 3 em 3 horas, e remédio C, de 6 em 6 horas. Caso o paciente utilize os três remédios às 8 horas da manhã, qual será o próximo horário de ingestão dos três remédios juntos?

AS CONTAS DE ÁGUA, LUZ E TELEFONE

As contas de água, gás, luz e telefone da casa de Mariana totalizaram no mês de abril R$311,57. Sabendo que as contas de água e luz somam R$131,41, as contas de telefone e gás somam R$180,16, as contas de água e telefone somam R$194,49, e a de gás custou apenas R$21,23, quanto Mariana pagou pelas contas de água, luz e telefone individualmente?

AS CÓPIAS

Em uma papelaria, cada fotocópia custa R$ 0,17. Uma professora tirou 15 cópias de uma apostila de atividades com 12 páginas cada uma. Quanto essa professora gastou?

( ) R$ 2,04 ( ) R$ 4,59 ( ) R$ 30,60

( ) R$ 2,55 ( ) R$ 25,60

AS MOEDAS

Isabel costuma guardar as moedas em um mesmo pote no banheiro. Nesse pote, há algumas moedas de R$1,00, 75 moedas de R$0,50 e 72 moedas de R$0,25. Além das moedas, esse pote tem um compartimento em que ela guarda apenas cédulas de R$ 2,00. Sabendo que as cédulas totalizam R$ 36,00 e que o valor total nesse cofre pode ser trocado por uma cédula de R$100,00 e uma de R$20,00 e ainda sobrará R$0,50, quantas moedas de R$1,00 há no cofre?

A ÁREA DO JARDIM

A área do jardim representada na imagem abaixo é:

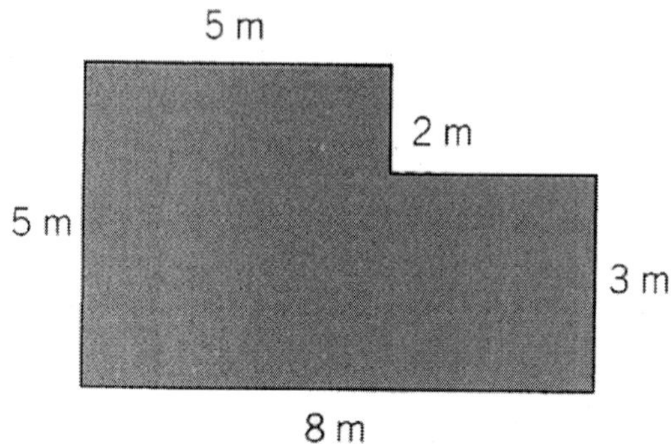

( ) 31 m^2 ( ) 34 m^2 ( ) 40 m^2 ( ) 50 m^2 ( ) 56 m^2

O REVESTIMENTO

Seu José estimou que seriam necessários 18 m^2 de revestimento para cobrir o piso da sala da casa de Diva. Na loja de materiais de construção, Diva escolheu um piso de cerâmica quadrado, cujo lado media 43 cm.

a. Sabendo que o metro quadrado do piso escolhido custava R$11,39, quanto Diva pagou no total?

b. Para recobrir a área total da superfície, quantos pisos a loja em que Diva realizou a compra deve enviar à sua casa?

A DISTRIBUIÇÃO DOS BOMBONS

Como Samuel havia ganhado muitos bombons, resolveu dar 2 para Bruno, 2 para Leonardo e comeu 2. Depois, ainda deu um terço dos bombons que restaram à sua irmã e ficou com metade do que tinha antes de reparti-los. Quantos bombons Samuel tinha no início?

O NÚMERO DE QUADRADOS DA FIGURA 7

Observe a sequência. O número de quadrados da 7ª figura é:

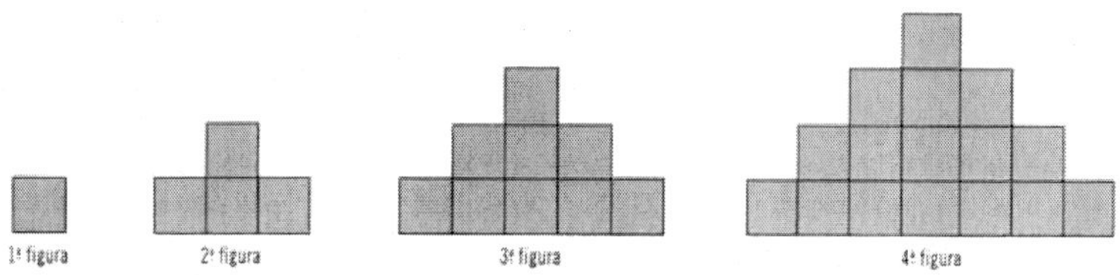

( ) 56 ( ) 36 ( ) 48 ( ) 49 ( ) 35

O PRÓXIMO TERMO DA SEQUÊNCIA

Na sequência numérica 17, 24, 33, 44, 57, 72, 89, ..., o próximo termo é:

( ) 102 ( ) 97 ( ) 111 ( ) 106 ( ) 108

O NÚMERO DE LÁPIS

Duas crianças que gostavam de fazer operações numéricas contaram o número de lápis que cada uma tinha e calcularam a soma, a diferença, o produto e o quociente desses números, somando tudo ao final e obtendo 363. Depois, disseram o que tinham ao irmão mais velho de uma delas, desafiando-o a descobrir a quantidade de lápis de cada uma.

AS CALORIAS

Rui gosta de feijão e de peixe e tem facilidade para obter esses alimentos. Ele procura ingerir 1.880 calorias por dia, tomando como base os dois alimentos. Olhando em uma tabela, verificou que:

- 100 g de feijão fornecem 330 calorias.
- 100 g de peixe fornecem 70 calorias

Ele concluiu que:

- 1 grama de feijão fornece 3,3 calorias
- 1 grama de peixe fornece 0,7 calorias.

Para ter o total de 1.880 calorias, o que Rui pode fazer?

A PRODUÇÃO DE MELANCIAS E DE VERDURAS

Um sitiante tem uma horta com 42 metros quadrados. Dividiu-a em duas partes: em uma quer plantar melancias, e na outra verduras. Ele espera vender a produção de cada metro quadrado de melancias por R$ 0,25 e a produção de cada metro quadrado de verduras por R$ 0,45. Deseja obter, pela venda da produção total de melancias, o mesmo valor que obterá pela venda da produção total de verduras. Quantos metros quadrados de cada uma ele deve plantar?

AS ÁREAS DOS TERRENOS

Dois terrenos têm uma área total de 1.800 jardas quadradas. Um deles produz grãos na razão de $\frac{2}{3}$ de alqueire por jarda quadrada, enquanto o outro produz grãos na razão de $\frac{1}{2}$ alqueire por jarda quadrada. Se a produção total foi de 1.100 alqueires, qual o tamanho de cada terreno?

O NÚMERO MÁXIMO DE PESSOAS NO ELEVADOR

A carga máxima que certo elevador pode sustentar é de 750 kg. Em um prédio de escritórios, foi verificado que o peso médio dos funcionários é de 75 kg. Quantas pessoas formam uma carga segura?

OS AZULEJOS

Dona Terezinha tem 169 azulejos. Eles têm o formato quadrado e são todos do mesmo tamanho. Usando todos esses azulejos, ela pretende revestir uma parede quadrada de sua cozinha. Quantos azulejos serão colocados em cada lado da parede?

A NOVA MÉDIA ARITMÉTICA

(UEL-PR) A média aritmética de cinco números é 8,5. Se a um desses números acrescentarmos 2 unidades, a média aritmética passará a ser:

a. 8.3

b. 8,6

c. 65

d. 68

A MÉDIA ARITMÉTICA DOS NÚMEROS RESTANTES

(FCC-SP) A média aritmética de um conjunto de 11 números é 45. Se o número 8 for retirado do conjunto, a média aritmética dos números restantes será:

a. 42

b. 48

c. 47,5

d. 48,7

O PREÇO MÁXIMO DO SUCO

Thiago foi comer um sanduíche e tomar um suco. O sanduíche custa 1,5 vezes mais do que o suco e Thiago só tem R$4,50. Qual é o preço máximo que ele poderá pagar pelo suco?

OS CUSTOS E AS VENDAS

(ENCCEJA-MEC) Analisando os custos e as vendas da produção artesanal de ovos de Páscoa, Cristina fez a seguinte relação:

Despesas fixas de R$2.400,00 e R$3,69 por ovo produzido. Se ***x*** é o número de unidades. Então a expressão do custo é 2400 + 3.60***x***. Cada ovo é vendido por R$10,00. Assim, a expressão da venda é 10***x***. A quantidade de ovos a ser produzida e vendida para que Cristina tenha lucro é:

a. Igual a 275

b. Igual a 375

c. Maior que 375

d. Menor que 275

QUANTOS ALGARISMOS?

Tenho um livro de 100 páginas. Quantos algarismos foram usados para numerar essas páginas?

A QUANTIDADE MÍNIMA DE NOTAS

(CAP-UERJ) Em seu último aniversário, Victor foi presenteado pelos familiares com dinheiro em notas de vinte, dez e cinco reais. Calcule a quantidade mínima de notas que ele precisa usar para pagar um brinquedo que custa R$75,00 e não precisar receber troco.

Arquivo particular

O NÚMERO DE BOLAS DAS URNAS

Duas urnas contêm o mesmo número de bolas. Quantas bolas conterá a segunda urna mais que a primeira, se tirarmos 14 bolas da primeira urna e passarmos para a segunda?

AS MATRÍCULAS

(UEPB) Os alunos matriculados no ano 2000, em uma determinada escola, foram distribuídos em 40 salas de 40 lugares, de modo que uma das salas ficou apenas com 25 alunos. No ano seguinte, 50 novos alunos foram matriculados. Qual o número total de alunos da escola?

a) 1635 b) 1675 c) 1625 d) 1650

Fernando Favoretto

O TRANSPORTE DOS LIVROS

(UERJ) Deseja-se transportar 480 livros iguais em caixas que possuem as mesmas medidas. Sabe-se que em cada caixa cabem 36 livros. Qual é o número de livros que ficará de fora das caixas?

A LOTAÇÃO DO TEATRO

(OM-SP) A lotação de um é de 360 lugares, todos do mesmo preço. Uma parte da lotação foi vendida por R$3.000,00, tendo ficado ainda por vender ingressos no valor de R$6.000,00.

a. Qual o preço de cada ingresso?

b. Quantos ingressos já foram vendidos?

O VENDEDOR DE VINHOS

(FGV-SP) Um vendedor de vinhos quer reduzir o preço de seu vinho de R$ 5,00 para R$4,00 o litro, sem reduzir sua receita de vendas. Para isso, ele quer adicionar água ao seu vinho. Tendo um estoque de 320 litros, o vendedor deverá adicionar:

a. de 50 a 100 litros de água

b. de 150 a 200 litros de água

c. menos de 50 litros de água

d. exatamente 50 litros de água

A CAIXA DE LARANJAS

Uma caixa está cheia de laranjas.

- Se tirarmos de 2 em 2, sobra 1 laranja;
- Se tirarmos de 3 em 3, sobra 1 laranja;
- Se tirarmos de 4 em 4. sobra 1 laranja;
- Se tirarmos de 5 em 5, sobra 1 laranja;

- Se tirarmos de 6 em 6, sobra 1 laranja.

Qual é o menor número de laranjas que essa caixa poderá conter?

A MESADA

(OMABC-SP) João ganha uma mesada que corresponde a dois terços da do seu irmão. Com a mesada de seu irmão, é possível comprar 5 sorvetes de R$ 0,90 cada, 3 chocolates de R$1,20 cada e ainda lhe resta metade da mesma. A mesada de João é:

a. R$8,10

b. R$16,20

c. R$10,00

d. R$10,80

O ROLO DE PAPEL

(UFRJ) Disponho de um rolo de papel de 2m de largura por 7m de comprimento. Quero cortar esse rolo de papel em faixas de 2m × 0,28m, como mostrado na figura abaixo. Qual é o número de faixas que vou obter?

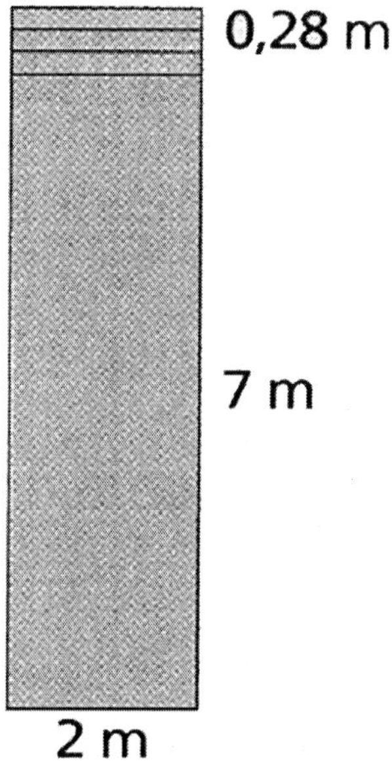

O FEIRANTE

(PUC-SP) Um feirante compra duas unidades de maçãs ao preço de R$0,75 e vende seis unidades ao preço de R$ 3,00. O número de maçãs que deverá vender para obter um lucro de R$50,00 é:

a. 40

b. 52

c. 400

d. 520

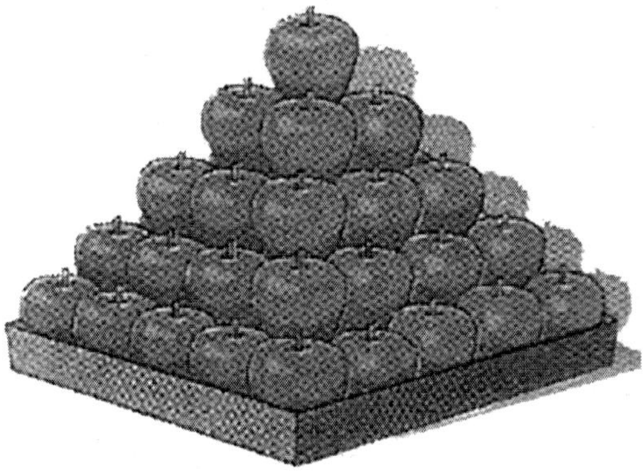

OS ADESIVOS

Rodrigo tem 76 adesivos, e Frederico tem 58. Quantos adesivos Rodrigo deve dar a Frederico para que eles fiquem com a mesma quantidade de adesivos?

OS SOBRINHOS DE DONA ANGÉLICA

Dona Angélica foi comprar bombons para dar a seus 7 sobrinhos. Comprou 14 bombons, que custaram R$35,00.

a. Quanto custou cada bombom?

b. Quanto custam 4 bombons?

c. Quanto custam ***x*** bombons?

A INDÚSTRIA

Uma indústria produz apenas dois tipos de Xampu. O primeiro com preço de R$15,00 por unidade e o segundo com preço de R$23,00 por unidade. Se chamarmos ***x*** a quantidade vendida do primeiro tipo e y a quantidade vendida do segundo tipo, qual é a expressão algébrica da venda desses dois artigos? Qual o valor total, se forem vendidas 300 a 400 unidades, respectivamente?

A LOCADORA DE BICICLETAS

(SARESP) Uma locadora cobra R$ 20,00 por dia pelo aluguel de uma bicicleta. Além disso, ela também cobra, apenas no primeiro dia, uma taxa de R$ 30,00. Chamando de ***x*** o número de dias que a bicicleta permanece alugada e de y o valor total do aluguel, é correto afirmar que:

a. $y = 600\boldsymbol{x}$

b. $y = 50\boldsymbol{x}$

c. $y = 30\boldsymbol{x} + 20$

d. $y = 20\boldsymbol{x} + 30$

A FÁBRICA DE MÓVEIS

(SAEB-MEC) Paulo é dono de uma fábrica de móveis. Para calcular o preço V de venda de cada móvel que fabrica, ele usa a seguinte fórmula: $V = 1{,}5C + 10$, sendo c o preço de custo desse móvel, em reais. Considerando $C = 100$, então, Paulo vende esse móvel por:

a. R$110,00

b. R$150,00

c. R$160,00

d. R$210,00

A TIRINHA

(CEFET-PI) Observando a tirinha que segue, assinale a alternativa em que consta uma expressão para o problema proposto.

a. $3x + 9$

b. $1,5x + 9$

c. $3x + 6,5$

d. $1,5x + 6,5$

QUANTOS BOMBONS RESTAM?

Silvia tem bombons em 4 caixas. Há 10 bombons na primeira caixa e x bombons em cada uma das outras três. Se comeu dois de cada caixa, quantos bombons restam?

a. $3x + 8$

b. $3x + 2$

c. $3\boldsymbol{x} - 2 + 8$

d. $3\boldsymbol{x} + (10 - 2)$

A FATORAÇÃO POR AGRUPAMENTO

(FURB-SC) Um professor de Matemática tem 4 filhos. Em uma de suas aulas, ele propôs aos alunos que descobrissem o valor da expressão ac + ad + bc + bd, sendo que a, b, c e d são as idades de seus filhos na ordem crescente. O professor disse, também, que a soma das idades dos dois mais velhos é 59 anos e a soma das idades dos dois mais novos é 34 anos. Qual é o valor numérico da expressão proposta pelo professor?

O SALÁRIO DE FERNANDO

(COMPERJ) Fernando gastou a terça parte de seu salário para pagar o aluguel e a quarta parte em compras de mercado. Se ainda sobraram R$ 550,00, qual é, em reais o salário de Fernando?

A VIAGEM DE MARIA

(UFRJ) Maria faz hoje 44 anos e tem dado um duro danado para sustentar suas três filhas: Marina, de 10 anos; Marisa, de 8 anos; e Mara, de 2 anos. Maria decidiu que fará uma viagem ao Nordeste para visitar seus pais no dia do seu aniversário, quando sua idade for igual à soma das idades de suas três filhas. Com que idade Maria pretende fazer a viagem?

O CHURRASCO

(PROMINP) Um grupo de amigos decidiu fazer um churrasco e, para tal, precisava arrecadar determinada quantia. Eles fizeram as contas e concluíram que, se 40 pessoas dividissem a despesa, cada uma pagaria ***x*** reais. Caso a despesa fosse dividida entre 50 pessoas, cada uma pagaria R$5,00 a menos. Qual era, em reais, a quantia necessária para fazer esse churrasco?

a. R$1.000,00

b. R$1.200,00

c. R$1.500,00

d. R$2.000,00

O PREÇO DO KG DE FEIJÃO

(PROMINP) Dona Maria foi ao mercado levando o dinheiro exato para comprar 3kg de feijão. Chegando lá, viu que o preço do quilo do feijão havia aumentado em R$0,10. Assim, ela pôde comprar somente 2 kg, e voltou para casa com R$1,50 de troco. Quanto Dona Maria pagou, em reais, em cada quilo de feijão?

a. R$1,50

b. R$1,60

c. R$1,80

d. R$1,90

AS CANETAS

(ACAFE-SC) Um estudante comprou *n* canetas por 300 reais e (*n* + 4) lapiseiras por 200 reais. Se o preço de uma caneta é o dobro do preço de uma lapiseira, o número de canetas e lapiseiras, respectivamente, que ele comprou, é:

a. 12 e 16

b. 10 e 14

c. 16 e 20

d. 14 e 18

A PILHA DE TÁBUAS

(VUNESP) Várias tábuas iguais estão em uma madeireira. A espessura de cada tábua é 0,5 cm. Forma-se uma pilha de tábuas colocando-se uma tábua na primeira coluna, duas na segunda e assim por diante.

Determine, ao final de nove dessas operações:

a. O número de tábuas da pilha.

b. A altura, em metros, da pilha.

A DESCENDÊNCIA DE DONA MAFALDA

Dona Mafalda teve 4 filhos, cada filho lhe deu quatro netos, cada neto lhe deu quatro bisnetos, cada bisneto teve quatro filhos. Quantos são os descendentes de dona Mafalda?

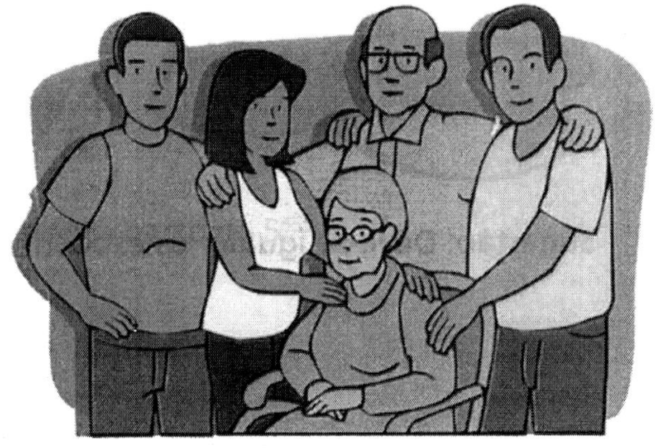

OS LADRILHOS

(ENCEJA-MEC) Uma fábrica de azulejos utiliza dois modelos de ladrilhos quadriculados, chamados de 3×3 e 5×5, representados nas figuras. Deseja-se lançar um novo modelo de ladrilho quadriculado, chamado 7×7, seguindo o mesmo padrão dos modelos anteriores. O número de quadrados pintados em um ladrilho do modelo 7×7 será igual a:

a. 20

b. 25

c. 30

d. 35

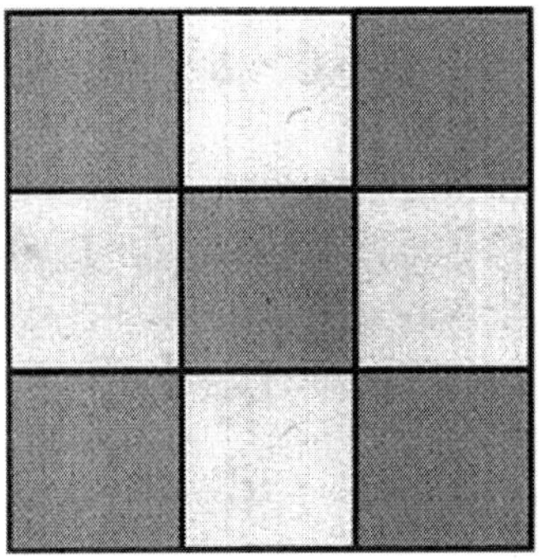

A PAREDE QUADRADA

Para pintar uma parede quadrada, gastam-se quatro latas de tinta. Quantas latas dessas tintas seriam gastas para pintar outra parede, também quadrada, com o dobro da largura da primeira?

a. 4

b. 6

c. 8

d. 16

O TERRENO QUADRADO

Um terreno quadrado tem 900 m^2 de área.

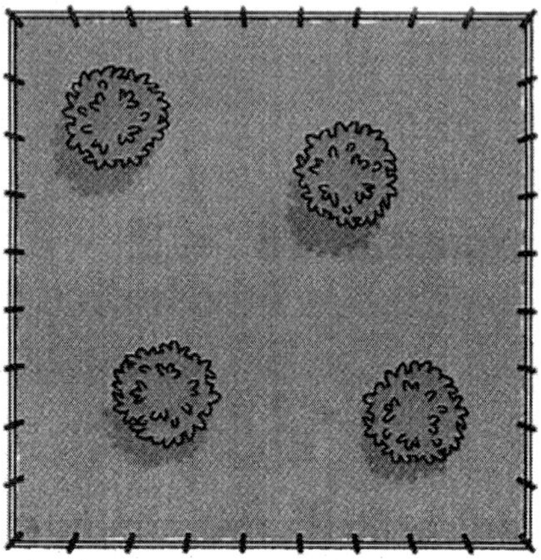

a. Qual é a medida do lado desse quadrado?

b. Quantos metros mede o seu perímetro?

c. Qual é a área, em m^2, de um terreno com o dobro da medida do lado desse quadrado?

O TRÊS QUADRADOS

Na figura, há três quadrados, um sobre o outro: o quadrado amarelo tem 100 cm^2 de área e o quadrado vermelho tem 121 cm^2 de área. Sabendo-se que os segmentos AB e BC têm a mesma medida, responda qual é a área do quadrado azul.

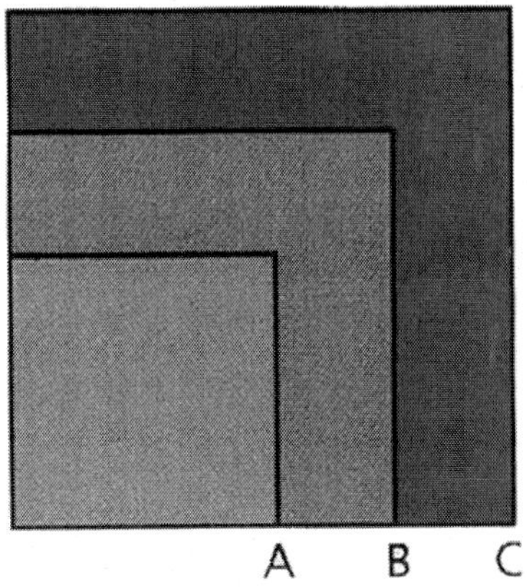

A ARESTA DO CUBO

O volume de um cubo é 1.728 cm^3. Qual é o comprimento de cada aresta?

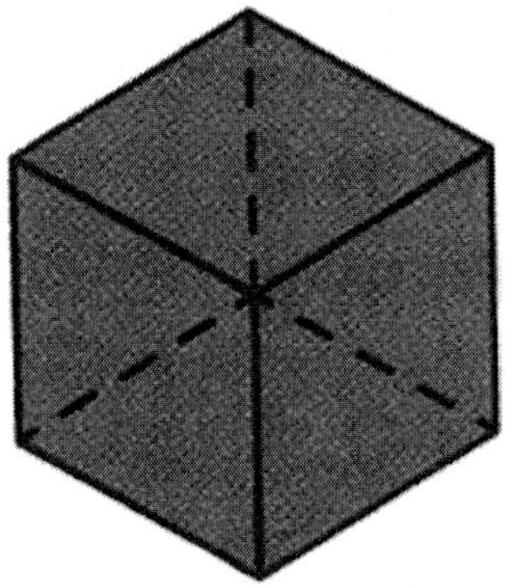

O GALPÃO

(PUCCAMP-SP) Na figura abaixo, tem-se um terreno retangular no qual pretende-se construir um galpão cujo lado deve medir ***x*** metros.

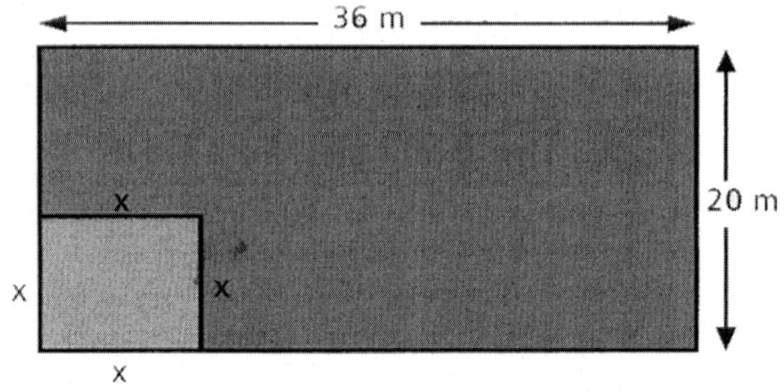

Se a área da parte sombreada é $684m^2$, quanto mede o lado do galpão?

AS CAMISAS

Um comerciante comprou algumas camisas por R$720,00 e vendeu-as a R$ 65,00 cada uma, ganhando, na venda de todas as camisas, o preço de custo de uma delas. O preço de custo de cada camisa foi de:

a. R$12,00

b. R$40,00

c. R$60,00

d. R$75,00

AS CRIANÇAS

(FGV-SP) A quantia de R$4.000,00 deveria ser repartida para certo número de crianças. No entanto, quatro crianças deixaram de comparecer, aumentando com isso em R$50,00 a quantia para cada uma das crianças restantes. Qual era o número inicial de crianças?

a. 10

b. 20

c. 30

d. 40

A DISTRIBUIÇÃO DOS DOCES

(UCSAL-BA) Um professor dispunha de 144 doces para dividir igualmente entre os alunos de sua classe. Como no dia da distribuição faltaram 12 alunos, ele dividiu os 144 doces igualmente entre os presentes, cabendo a cada aluno 1 doce a mais. O número de alunos presentes no dia da distribuição era:

a. 36

b. 40

c. 42

d. 48

RESOLUÇÕES DOS PROBLEMAS

A PRODUÇÃO

Resolução:

$$P = 8000.(1{,}50)^t$$
$$40500 = 8000.(1{,}50)^t$$
$$\frac{40500}{8000} = \left(\frac{150}{100}\right)^t$$
$$\frac{405}{80} = \left(\frac{150}{100}\right)^t$$
$$\frac{81}{16} = \left(\frac{15}{10}\right)^t$$
$$\left(\frac{3}{2}\right)^4 = \left(\frac{3}{2}\right)^t$$
$$t = 4\ anos$$

O ESTACIONAMENTO

Resolução:

$$1 \times 3 = 3$$
$$6 \times 2 = 12$$
$$R\$3{,}00 + R\$12{,}00 = R\$15{,}00$$

A IDADE DO PROFESSOR

Resolução:

$$\frac{17x + 22}{18} = x - 2$$
$$18(x - 2) = 17x + 22$$
$$18x - 36 = 17x + 22$$
$$18x - 17x = 22 + 36$$
$$x = 58\ anos$$

O CUSTO TOTAL

Resolução:

$$C(x) = 45x + 2000$$
$$C(x) = 45 \times 10 + 2000$$
$$C(x) = 450 + 2000$$
$$C(x) = R\$2\,450{,}00$$

A DÚZIA DE MAÇÃS

Resolução:

$$\begin{cases} 3x = 4y \\ 5y = 3z \\ z = 6 \end{cases}$$

$$5y = 3 \times 6$$
$$5y = 18$$
$$y = \frac{18}{5}$$
$$y = R\$3{,}60$$

AS BORRACHAS

Resolução:

$30 \times 48 = 1440$
$1440 : 72 = 20$ caixas

AS MATRÍCULAS

Resolução:

450|38 38 - 32 = 6
70 11 Resp.: 6 alunos
32

A ESTIMATIVA

Resolução:

Sendo a estimativa de aproximadamente 4 pessoas por metro quadrado, temos: 4.000 × 4 = 16.000 pessoas.

A RODOVIA

Resolução:

87km + 52km = 139km
180km– 139km = 41km
Resp.: 41km

A PRESTAÇÃO DO TERRENO

Resolução:

$987 + 15 \times 7{,}20 = 987 + 108 = R\$1.095{,}00$

O ÓXIDO DE MERCÚRIO

Resolução:

Porcentagem do mercúrio: $\frac{201}{217} \simeq 93\%$

Porcentagem do oxigênio: $\frac{16}{217} \simeq 7\%$

O COMPRIMENTO DAS TÁBUAS

Resolução:

$$\frac{225 + 236 + 230 + x}{4} = 231$$
$$\frac{691 + x}{4} = 231$$
$$691 + x = 924$$
$$x = 924 - 691$$
$$x = 233\ cm$$

O SALÁRIO DO VENDEDOR

Resolução:

$$S(x) = 900 + 0{,}08x$$
$$S(x) = 900 + 0{,}08 \times 50000$$
$$S(x) = 900 + 4000$$
$$S(x) = R\$4\ 900{,}00$$

OS GRUPOS DE ALUNOS

Resolução:

$D(35) = \{1, 5, 7, 35\}$

Resp.: Deve ter 5 ou 7 alunos.

OS OVOS DE PÁSCOA

Resolução:

$$D = d \times q + r$$
$$D = 16 \times 19 + 15$$
$$D = 304 + 15$$
$$D = 319\ ovos$$

A CORRIDA

Resolução:

Ana, Cláudia, Sandra e Rita.

O NÚMERO ESCOLHIDO

Resolução:

$$\frac{x^2.6-2}{4}+3=76$$
$$\frac{6x^2-2}{4}+3=76$$
$$6x^2-2+12=304$$
$$6x^2+10=304$$
$$6x^2=304-10$$
$$6x^2=294$$
$$x^2=\frac{294}{6}$$
$$x^2=49$$
$$x=\sqrt{49}$$
$$x=7$$

EM QUE NÚMERO PENSEI?

Resolução:

$$\frac{x\,.4-6}{2}+1=18$$
$$\frac{4x-6}{2}+1=18$$
$$\frac{4x-6}{2}=18-1$$
$$\frac{4x-6}{2}=17$$

$$
\begin{aligned}
4x - 6 &= 34 \\
4x &= 34 + 6 \\
4x &= 40 \\
x &= \frac{40}{4} \\
x &= 10
\end{aligned}
$$

OS LITROS DE SUCOS

Resolução:

$$
\begin{aligned}
6{,}00\,.\,x + 4{,}80\,.100 &= 5{,}50(x + 100) \\
6x + 480 &= 5{,}5x + 550 \\
6x - 5{,}5x &= 550 - 480 \\
0{,}5x &= 70 \\
x &= \frac{70}{0{,}5} \\
x &= 140 \textit{ litros de suco C}
\end{aligned}
$$

QUAL FOI O RESULTADO?

Resolução:

$$\frac{(x+5)\times 4-20}{x} = \frac{4x+20-20}{x} = \frac{4x}{x} = x \text{ , } x \neq 0$$

Resp.: O resultado foi **x**, o número que pensei.

OS ALUNOS DE PITÁGORAS

Resolução:

$$\frac{x}{2}+\frac{x}{4}+\frac{x}{7}+3=x$$
$$28.\frac{x}{2}+28.\frac{x}{4}+28.\frac{x}{7}+28.3=28.x$$
$$14x+7x+4x+84=28x$$
$$25x-28x=-84$$
$$-3x=-84.(-1)$$
$$3x=84$$
$$x=\frac{84}{3}$$
$$x=28\ alunos$$

A DÍZIMA PERIÓDICA

Resolução:

$$0{,}3888\ldots=\frac{38-3}{90}=\frac{35}{90}=\frac{7}{18}$$

Resp.: Paula tem 7 anos e Andrea tem 18 anos

OS SALÁRIOS

Resolução:

$$1{,}00x-0{,}90x=500$$
$$0{,}10x=500$$
$$x=\frac{500}{0{,}10}$$
$$x=R\$5\ 000{,}00\ (salário\ de\ Pedro)$$

$$R\$5.000{,}00-R\$500{,}00=R\$4.500{,}00\ (salário\ de\ Antônio)$$

AS IDADES DE GLÁUCIA E CLÁUDIA

RESOLUÇÃO:

$$\begin{cases} x = 2y \\ x - 12 = 5(y - 12) \end{cases}$$

$$2y - 12 = 5(y - 12)$$
$$2y - 12 = 5y - 60$$
$$-3y = -48 \,.\, (-1)$$
$$3y = 48$$
$$y = \frac{48}{3}$$
$$y = 16$$
$$x = 2 \times 16 = 32\ anos$$

A FÁBRICA

RESOLUÇÃO:

$$x + (2x + 34) = 160$$
$$3x + 34 = 160$$
$$3x = 160 - 34$$
$$3x = 126$$
$$x = \frac{126}{3}$$
$$x = 42\ mulheres$$
$$2x + 34 = 2 \times 42 + 34 = 84 + 34 = 118\ homens$$

A CORRIDA DE TÁXI

RESOLUÇÃO:

O preço é R\$0,10 a cada 10 metros, então por quilometro serão gastos R\$0,10 × 100 = R\$10,00

Logo:

$$\begin{aligned} 2{,}5 + x &= 10 \\ x &= 10 - 2{,}5 \\ x &= 7{,}5\ km \end{aligned}$$

O PREÇO MÉDIO DO DOCE

Resolução:

$$P_m = \frac{5 \times 1{,}80 + 3 \times 1{,}50 + 2 \times 2{,}50}{5 + 3 + 2} =$$

$$\frac{9{,}00 + 4{,}50 + 5{,}00}{10} = \frac{18{,}50}{10} = R\$1{,}85$$

A HERANÇA

Resolução:

$$1^{\underline{o}} : \frac{2}{3}x = \frac{2}{3}.72 = \frac{144}{3} = 48\ bois$$

$$2^{\underline{o}} : x = 72\ bois$$

$$3^{\underline{o}} : \frac{2}{3}x + x = 48 + 72 = 120\ bois$$

$$\frac{2}{3}x + x + \left(\frac{2}{3}x + x\right) = 240$$

$$\begin{aligned} 3.\frac{2}{3}x + 3x + 3.\frac{2}{3}x + 3x &= 3.240 \\ 2x + 3x + 2x + 3x &= 720 \\ 10x &= 720 \\ x &= \frac{720}{10} \\ x &= 72 \end{aligned}$$

AS TORNEIRAS

Resolução:

$$6x + 10x = 832$$
$$16x = 832$$
$$x = \frac{832}{16}$$
$$x = 52\ minutos$$

O REAJUSTE DO SALÁRIO

Resolução:

$$x + \frac{6}{10}x = 860$$
$$10x + 10.\frac{6}{10}x = 10\,.832$$
$$10x + 6x = 8600$$
$$16x = 8600$$
$$x = \frac{8600}{16}$$
$$x = R\$537{,}50$$

A ECONOMIA

Resolução:

$$1.325{,}00 + 32{,}90x = 932{,}00 = 111{,}50x$$
$$32{,}90x - 111{,}50x = 932{,}00 - 1325{,}00$$
$$-\ 78x = -393{,}00 \times (-1)$$
$$78{,}60x = 393{,}00$$
$$x = \frac{393{,}00}{78{,}60}$$
$$x = 5\ meses$$

AS IDADES DO PAI E DOS FILHOS

RESOLUÇÃO:

$$
\begin{aligned}
60 + x &= (7 + x) + (11 + x) + (16 + x) \\
60 + x &= 34 + 3x \\
x - 3x &= 34 - 60 \\
-2x &= -26\,.(-1) \\
2x &= 26 \\
x &= \frac{26}{2} \\
x &= 13\ anos
\end{aligned}
$$

O PESO DO COPO VAZIO

RESOLUÇÃO:

$$
\begin{cases} c + a = 325 \\ c + \frac{a}{2} = 180\ .\ (-1) \end{cases}
$$

$$
\begin{cases} c + a = 325 \\ -c - \frac{a}{2} = -180 \end{cases}
$$

$$
a - \frac{a}{2} = 145
$$

$$
2a - 2 \times \frac{a}{2} = 2 \times 145
$$

$$
2a - a = 290
$$

$$
a = 290
$$

$$
325 - 290 = 35g
$$

Resp.: o copo vazio pesa 35g

A CAIXA DE BOMBONS

Resolução:

$$x - \frac{x}{2} - \frac{x}{4} = 10$$
$$4x - 4.\frac{x}{2} - 4.\frac{x}{4} = 4\ .\ 10$$
$$4x - 2x - x = 40$$
$$x = 40\ bombons$$

OS INGRESSOS

Resolução:

$$\begin{cases} 5x + 3y + 2z = 2800 \\ x + y + z = 600 \end{cases}$$

$$x = 600 - y - z$$
$$5(600 - y - z) + 3y + 2z = 2800$$
$$3000 - 5y - 5z + 3y + 2z = 2800$$
$$2y - 3z = -200\,.(-1)$$
$$2y + 3z = 200$$

Como 200 é divisível pela soma dos coeficientes

(2 + 3 = 5), então, $\frac{200}{5} = 40$. Logo:

$y = z \Rightarrow y = 40\ e\ z = 40$
$x = 600 - 40 - 40 = 520$

Resp.: 40 ingressos de $R\$2{,}00$; 40 ingressos de $R\$3{,}00$; *520* ingressos de $R\$5{,}00$

A LOJA DE DISCOS

Resolução:

$$B = \frac{1}{2}A$$

$$5A + 3B = 5A + 3.\frac{1}{2}A = \frac{13}{2}A$$

$$5A + 3B = 5A + .\frac{3}{2}A = \frac{13}{2}A$$

$$5B + 3A + 20 = \frac{5}{2}A + 3A + 20 = \frac{11A + 40}{2}$$

$$\frac{13}{2}A = \frac{11}{2}A + 20$$

$$2.\frac{13}{2}A = 2.\frac{11}{2}A + 2.20$$

$$13A = 11A + 40$$

$$13A - 11A = 40$$

$$2A = 40$$

$$A = \frac{40}{2}$$

$$A = 20$$

$$B = \frac{1}{2} \cdot A = \frac{1}{2} \cdot 20 = \frac{1 \cdot 20}{2} = \frac{20}{2} = 10$$

Resp.: O preço da etiqueta A é R$20,00 e o da etiqueta B é R$10,00

OS EXEMPLARES DE LIVROS

Resolução:

mdc (750, 1200, 2500) = 50
750 : 50 = 15
1200 : 50 = 24
2500 : 50 = 50
Remetidos: 15 pacotes com 50 unidades de A = 750
24 pacotes com 50 unidades de B = 1200
50 pacotes com 50 unidades de C = 2500

Sobrarão:
A: 1200 – 750 = 450
C: 2500 – 750 = 1750
1750 + 450 = 2200 exemplares

O JANTAR

Resolução:

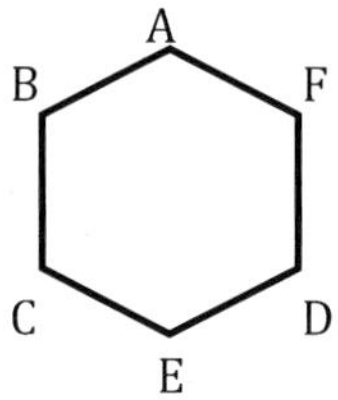

Em sentido horário: Ana, Fernando, Daniel, Estela, Camila e Bernardo

O CAIXA ELETRÔNICO

Resolução:

x = nº de notas de R$5,00
y = nº de notas de R$10,00
z = nº de notas de R$50,00

(x, y, z)	(x, y, z)
(0, 5, 1)	(0, 10, 0)
(2, 4, 1)	(2, 9, 0)
(4, 3, 1)	(4, 8, 0)
(6, 2, 1)	(6, 7, 0)
(8, 1, 1)	(8, 6, 0)
(10, 0, 1)	(10, 5, 0)
(18, 1, 0)	(14, 3, 0)
(16, 2, 0)	(0, 0, 2)
(20, 0, 0)	(12, 4, 0)

Resp: 18 maneiras diferentes.

A PLACA DO AUTOMÓVEL

Resolução:

Um número inteiro é um quadrado perfeito quando sua raiz é exata.

Logo, verificando as possibilidades, o número da placa é 7744.

$\sqrt{7744} = 88$

O TOTAL DE CAIXAS

Resolução:

1 + 4 + 4 + 4 + 4 + 4 = 21 caixas.

A VIAGEM

Resolução:

	Manhã	Tarde	Noite
Com chuva	X	Y	5
Sem chuva	6	3	

$$\begin{cases} x + y = 5 \\ x + 6 = y + 3 \end{cases}$$

$$\begin{cases} x + y = 5 \\ x - y = -3 \end{cases}$$

$$2x = 2$$

$$x = \frac{2}{2}$$

$$x = 1$$

$$x + y = 5$$
$$1 + y = 5$$
$$y = 5 - 1$$
$$y = 4$$
$$x + 6 = y + 6$$
$$1 + 6 = 4 + 3$$
$$7 = 7$$

O total de dias de viagem é 7.

OS ALUNOS

Resolução:

Alunos da classe: x

Cada aluno deveria receber: $\frac{144}{x}$

Mas, cada aluno recebeu: $\frac{144}{x-12}$

$$\frac{144}{x-12} = \frac{144}{x} + 1$$

$$\frac{144}{x-12}.x(x-12) = \frac{144}{x}.x(x-12) + 1.x(x-12)$$

$$144x = 144(x-12) + x(x-12)$$

$$144x = 144x - 1728 + x^2 - 12x$$

$$-x^2 + 12x + 144x - 144x + 1728 = 0$$

$$-x^2 + 12x + 1728 = 0 : (-1)$$

$$x^2 - 12x - 1728 = 0$$

$$a = 1, \quad b = -12, \quad c = -1728$$

$$x = \frac{-b \pm \sqrt{b^2 - 4ac}}{2a}$$

$$x = \frac{-(-12) \pm \sqrt{(-12)^2 - 4.1.(-1728)}}{2.1}$$

$$x = \frac{12 \pm \sqrt{144 + 6912}}{2}$$

$$x = \frac{12 \pm \sqrt{7056}}{2}$$

$$x = \frac{12 \pm 84}{2}$$

$$x_1 = \frac{12 + 84}{2}$$

$$x_1 = \frac{96}{2}$$

$$x_1 = 48$$

$$x_2 = \frac{12 - 84}{2}$$

$$x_2 = \frac{-72}{2}$$

$x_2 = -36$ (não satisfaz às condições do problema)

O PERÍMETRO

Resolução:

$$A = l^2$$

$$144 = l^2$$

$$l^2 = 144$$

$$l = \sqrt{144}$$

$$l = 12m$$

Resp: 4×12m = 48m

O CONCURSO

Resolução:

$$x + 2x + 3x + 4x = 500$$
$$10x = 500$$
$$x = \frac{500}{10}$$
$$x = R\$50{,}00$$

OS ANDARES DO EDIFÍCIO

Resolução:

$$n \times n = 121$$
$$n^2 = 121$$
$$n = \sqrt{121}$$
$$n = 11\ andares$$

OS CONDÔMINOS

Resolução:

$$\frac{1500}{n-10} = \frac{1500}{n} + 5$$
$$n(n-10).\frac{1500}{n-10} = n(n-10).\frac{1500}{n} + 5n(n-10)$$
$$1500n = 1500(n-10) + 5n(n-10)$$
$$1500n = 1500n - 15000 + 5n^2 - 50n$$
$$0 = 5n^2 - 50n - 15000$$
$$5n^2 - 50n - 15000 = 0 : (5)$$
$$n^2 - 10n - 3000 = 0$$
$$a = 1, b = -10, c = -3000$$
$$n = \frac{-b \pm \sqrt{b^2 - 4ac}}{2a}$$
$$n = \frac{-(-10) \pm \sqrt{(-10)^2 - 4.1.(-3000)}}{2.1}$$

$$n = \frac{10 \pm \sqrt{100 + 12000}}{2}$$
$$n = \frac{10 \pm \sqrt{12100}}{2}$$
$$n = \frac{10 \pm 110}{2}$$
$$n_1 = \frac{10 + 110}{2}$$
$$n_1 = \frac{120}{2}$$
$$n_1 = 60$$
$$n_2 = \frac{10 - 110}{2}$$
$$n_2 = \frac{-100}{2}$$
$n_2 = -50$ (não satisfaz às condições do problema)

$a)$ 60 *condôminos*
$$\frac{1500}{60} = R\$25{,}00$$
$b)$ $60 - 10 = 50$ *condôminos*
$$\frac{1500}{50} = R\$30{,}00$$

AS IDADES DE CARLOS E ANDRÉ

Resolução:

$x + 4$ = idade de Carlos

x = idade de André

$$x - 5 + x + 4 - 5 = 34$$
$$2x - 6 = 34$$
$$2x = 34 + 6$$
$$2x = 40$$
$$x = \frac{40}{2}$$
$$x = 20 \text{ anos}$$
$$x + 4 = 20 + 4 = 24 \text{ anos}$$

Resp.: André tem 20 anos e Carlos tem 24 anos

O LÁPIS

Resolução:

$$\begin{aligned} 18 - 0{,}25x &= 4{,}75 \\ -0{,}25x &= 4{,}75 - 18 \\ -0{,}25x &= -13{,}25\,.(-1) \\ 0{,}25x &= 13{,}25 \\ x &= \frac{13{,}25}{0{,}25} \\ x &= 53\ \boldsymbol{vezes} \end{aligned}$$

O CERCADO RETANGULAR

Resolução:

Resolvendo o sistema:

$$\begin{cases} 2x + 2y = 54 \\ x\,.\,y = 180 \end{cases}$$

$$2(x + y) = 54$$

$$x + y = \frac{54}{2}$$

$$x + y = 27$$

$$x = 27 - y$$

$$(27 - y)y = 180$$

$$27y - y^2 - 180 = 0$$

$$-y^2 + 27y - 180 = 0.(-1)$$

$$y^2 - 27y + 180 = 0$$

$$a = 1, b = -27, c = 180$$

$$y = \frac{-(-27) \pm \sqrt{(-27)^2 - 4.1.180}}{2.1}$$

$$y = \frac{27 \pm \sqrt{729 - 720}}{2}$$

$$y = \frac{27 \pm \sqrt{9}}{2}$$

$$y = \frac{27 \pm 3}{2}$$

$$y_1 = \frac{27 + 3}{2}$$

$$y_1 = \frac{30}{2}$$

$$y_1 = 15m$$

$$y_2 = \frac{27 - 3}{2}$$

$$y_2 = \frac{24}{2}$$

$$y_2 = 12m$$

$$x = 27 - y$$

$$x = 27 - y_1$$

$$x = 27 - 15$$

$$x = 12m$$

$$x = 27 - y_2$$

$$x = 27 - 12$$

$$x = 15m$$

Resp.:As dimensões são 15m e 12m ou 12m e 15m.

O TÉCNICO EM INFORMÁTICA

Resolução:

$$\begin{aligned} 60 + 45x &< 40 + 50x \\ 45x - 50x &< 40 - 60 \\ -5x &< -20\,.(-1) \\ 5x &> 20 \\ x &> \frac{20}{5} \\ x &> 4\ horas \end{aligned}$$

A partir de 5 horas é mais econômico contratar o técnico X

OS RELÓGIOS

Resolução:

$$t = 15 \times 60 = 900\ horas$$

$$a(t) = \frac{359}{360}t \qquad e(t) = \frac{601}{600}t$$

$$e(900) - a(900) = \frac{601}{600} \times 900 - \frac{359}{360} \times 900$$

$$e(900) - a(900) = \frac{3606 - 3590}{3600} \times 900$$

$$e(900) - a(900) = \frac{16}{4} = 4\ min$$

AS FILEIRAS DE FIGURINHAS

Resolução:

$(3, 7, 11, \ldots, a_n)$

$$a_n = a_1 + (n-1).r$$
$$a_n = 3 + (n-1).4$$
$$a_n = 4n - 1$$
$$S_n = \frac{(a_1 + a_{n)}.n}{2}$$
$$1378 = \frac{(3 + 4n - 1).n}{2}$$

$4n^2 + 2n - 2756 = 0 : (2)$

$2n^2 + n - 1378 = 0$

$a = 2, b = 1, c = 1378$

$$n = \frac{-b \pm \sqrt{b^2 - 4ac}}{2a}$$

$$n = \frac{-1 \pm \sqrt{1^2 - 4.2.(-1378)}}{2.2}$$

$$n = \frac{-1 \pm \sqrt{1 + 11024}}{4}$$
$$n = \frac{-1 \pm \sqrt{11025}}{4}$$

$$n_1 = \frac{-1 + 105}{4}$$

$$n_1 = \frac{104}{4}$$

$$n_1 = 26\, figurinhas$$

$$n_2 = \frac{-1 - 105}{4}$$

$$n_2 = -\frac{106}{4}\ (não\ satisfaz\ às\ condições\ do\ problema)$$

AS IDADES DE FERNANDA, NEUSA E NICE

Resolução:

$x = idade\ de\ Fernanda$
$y = idade\ de\ neusa$
$z = idade\ de\ Nice$

$$\begin{cases} x = y - 12 \\ x = z + 5 \\ y = 47\ anos \end{cases}$$

$$x = y - 12$$
$$x = 47 - 12 = 35\ anos$$
$$x = z + 5$$
$$35 = z + 5$$
$$z = 35 - 5 = 30\ anos$$
$$x + y + z = 35 + 47 + 30 = 112\ anos$$

A PESQUISA

Resolução:

$$\frac{3}{5} \times 200 = \frac{660}{5} = 132\ entrevistados$$

A BARRACA DE DOCES

Resolução:

$$x = (0{,}50 \div 3) \times 35$$
$$x = R\$5{,}95$$

AS MESAS DO RESTAURANTE

Resolução:

$$\begin{cases} x + y = 10 \\ 4x + 2y = 34 \end{cases}$$

$$x = 10 - y$$

$$4(10 - y) + 2y = 34$$

$$40 - 4y + 2y = 34$$

$$-2y + 40 = 34$$

$$-2y = 34 - 40$$

$$-2y = -6 \,.\, (-1)$$

$$2y = 6$$

$$y = \frac{6}{2}$$

$$y = 3\; mesas\; para\; 2\; pessoas$$

$$x = 10 - 7$$

$$x = 7\; mesas\; para\; 4\; pessoas$$

O GRUPO DE JOVENS

Resolução:

$$0{,}20 \times R\$45{,}00 = R\$9{,}00$$

$$R\$45{,}00 + R\$9{,}00 + R\$47{,}00 = R\$61{,}00$$

Resp.: Deve ser vendida por $R\$61{,}00$

OS ABACAXIS

Resolução:

$$\begin{aligned} 1{,}50x + 0{,}90(60 - x) &= 63 \\ 1{,}5x + 54 - 0{,}9x &= 63 \\ 0{,}6x &= 63 - 54 \\ 0{,}6x &= 9 \\ x &= \frac{9}{0{,}6} \\ x &= 15\ abacaxis \end{aligned}$$

A COLEÇÃO DE LIVROS

Resolução:

$$\begin{aligned} 1x - 0{,}2x &= 100 \\ 0{,}8x &= 100 \\ x &= \frac{100}{0{,}8} \\ x &= R\$125{,}00 \end{aligned}$$

A CAIXA D'ÁGUA

Resolução:

a) $2x = 2\,.\,20 = 40\ litros$

b) $1000 - 2x = 1000 - 2\,.\,20 = 1000 - 40 = 960\ litros$

A JORNADA SEMANAL DE TRABALHO

Resolução: Resolução:

a) $0{,}20\ \times 35 = 7\ horas\ semanais\ a\ mais$

b) $35 + 7 = 42\ horas$

AS INDÚSTRIAS A E B

Resolução:

$$\begin{cases} A + B = 7500 \\ A = 3B \end{cases}$$

$$3B + B = 7500$$
$$4B = 7500$$
$$B = \frac{7500}{4}$$
$$B = 1875\ peças$$
$$A = 3B$$
$$A = 3 \times 1875$$
$$A = 5625\ peças$$

O NÚMERO DE ESTUDANTES

Resolução:

$$y = estudantes$$
$$\begin{cases} x + y = 94 \\ 40x + 20y = 2840 \end{cases}$$
$$y = 94 - x$$
$$40x + 20(94 - y) = 2840$$
$$40x + 1880 - 20y = 2840$$
$$20y = 2840 - 1880$$
$$20y = 960$$
$$y = \frac{960}{20}$$
$$y = 48\ estudantes$$

OS PESOS DE ANA CLARA, RAFAEL E RAQUEL

Resolução:

Resolvendo o sistema de equações:

$x = peso\ de\ Rafael$
$y = peso\ de\ Raquel$
$z = peso\ de\ Ana\ Clara$

$$\begin{cases} x + y = 50 \\ x + z = 56 \\ z + y = 30 \end{cases}$$

$$2x + 2y + 2z = 136$$
$$2(x + y + z) = 136$$
$$x + y + z = \frac{136}{2}$$
$$x + y + z = 68$$
$$50 + z = 68$$
$$z = 68 - 50$$
$$z = 18kg$$
$$18 + y = 30$$
$$y = 30 - 18$$
$$y = 12kg$$
$$x + 12 + 18 = 68$$
$$x + 30 = 68$$
$$x = 68 - 30$$
$$x = 38kg$$

AS PLACAS DE SINALIZAÇÃO

Resolução:

5 _ _ _ _ _ _ _ _ _ _ 75

$$\begin{cases} a_1 = 5 \\ a_n = 75 \\ n = 11 \\ r = ? \end{cases}$$

$$a_n = a_1 + (n-1).r$$
$$75 = 5 + (11-1).r$$
$$75 - 5 = 10r$$
$$70 = 10r$$
$$10r = 70$$
$$r = \frac{70}{10}$$
$$r = 7$$

$(5, 12, 19, 26, 33, 40, 47, 54, 61, 68, 75)$

O RESTAURANTE

Resolução:

R$	g
1,50	100
1,50	100
1,50	100
1,50	100
1,50	100
1,50	100
1,50	100
	20

3 × R$1,50 + R$0,75 = R$5,25

7 × R$1,00 + R$0,20 = R$7,20

O ANÚNCIO

Resolução:

$A = l^2$
$A = 7^2$
$A = 49cm^2$
$49 \times R\$0{,}40 = R\$19{,}60$

A FESTA

Resolução:

Resolvendo o sistema de equações:

$$\begin{cases} x + y = 40 \\ y = 2(x - 7) \end{cases}$$

$$x + 2(x - 7) = 40$$
$$x + 2x - 14 = 40$$
$$3x - 14 = 40$$
$$3x = 40 + 14$$
$$3x = 54$$
$$x = \frac{54}{3}$$
$$x = 18\ mulheres$$

AS CALORIAS

Resolução:

$$\begin{cases} 2x + 30y = 280\ .(1) \\ 3x + 10y = 280\ .(-3) \end{cases} \Rightarrow \begin{cases} 2x + 30y = 280 \\ -9x - 10y = -840 \end{cases}$$

$$-7x = -560\,.(-1)$$
$$7x = 560$$
$$x = \frac{560}{7}$$
$$x = 80\ calorias$$

A CONFECÇÃO

Resolução:

$$\begin{aligned} 16\,.\,x + 2\,.\,1{,}25\,.\,x + 1{,}5x &= 1440 \\ 16x + 2{,}5x + 1{,}5x &= 1400 \\ 20x &= 1440 \\ x &= \frac{1440}{20} \\ x &= R\$72{,}00 \end{aligned}$$

$$1{,}25 \times x = 1{,}25 \times 72 = R\$90{,}00$$

$$1{,}5 \times x = 1{,}5 \times 72 = R\$108{,}00$$

OS MAMÕES

Resolução:

$$\begin{aligned} 2x + 1(60 - x) &= 70 \\ 2x + 60 - x &= 70 \\ 20x - x &= 70 - 60 \\ x &= 10\ mamões \end{aligned}$$

AS PARTIDAS

Resolução:

x = número de partidas em que A vença.

y = número de partidas em que B vença.

x + y = 100

y = 100 – x

20x = 30y (condição de igualdade em dinheiro).

20x = 30(100 – x)

20x = 3000 – 30x

20x + 30x = 3000

$$50x = 3000$$

$$x = \frac{3000}{50}$$

$$x = 60$$

$$y = 100 - x$$

$$y = 100 - 60$$

$$y = 40$$

Resp.:
Para A ter lucro, terá que vencer 61 ou mais partidas.
Para B ter lucro, terá que vencer 41ou mais partidas.

A MULTA

Resolução:

$$1^{\underline{o}}\ dia \rightarrow 52{,}00 \times 0{,}2 : 100 = 0{,}104$$
$$52{,}00 + 0{,}104 = 52{,}104$$
$$2^{\underline{o}}\ dia \rightarrow 52{,}104 \times 0{,}2 : 100 = 0{,}104208$$
$$52{,}104 + 0{,}104208 = 52{,}208208$$
$$3^{\underline{o}}\ dia \rightarrow 52{,}208208 \times 0{,}2 : 100 = 0{,}1044164$$
$$52{,}208208 + 0{,}1044164 = 52{,}312624, ou\ seja, R\$52{,}31$$

A GINCANA

Resolução:

120	2	2	2	3	5			
108	2	2		3		3	3	
100	2	2			5			5

mdc (100,108,120) = 2 × 2 = 4

a) 4 alunos
b) 120 : 4 = 30equipes
c) 108 : 4 = 27equipes

OS REMÉDIOS

Resolução:

comprimido:(4, 8, 12, ...)
xarope:(6, 12, ...)
mdc (4, 6) = 12
10 + 12 = 22

Resp.: Ele voltará novamente a tomar os dois remédios juntos às 22horas.

O JOGO DE TÊNIS

Resolução:

Dias ímpares: 1,3,5,7,9,11,13,15,15,17, 19, 21, 23, 25, 27, 29, 31

Múltiplos de 3: 3, 6, 9, 12, 15, 18, 21, 24, 27, 30

Dias em que ambos jogaram tênis: 3, 9, 15, 21.

Resp.: 4 vezes.

O ELEVADOR

Resolução:

$$x - 5 - 2 + 4 - 1 + 3 - 7 = 0$$
$$x - 15 + 7 = 0$$
$$x - 8 = 0$$
$$x = 0 + 8$$
$$x = 8 \text{ pessoas}$$

OS QUADRADOS PERFEITOS

Resolução:

Quadrados perfeitos com três algarismos:

$10^2 = 100$; $11^2 = 121$; $12^2 = 144$; $13^2 = 169$; $14^2 = 196$; $15^2 = 225$, $16^2 = 256$; $17^2 = 289$; $18^2 = 324$; $19^2 = 361$; $20^2 = 400$; $21^2 = 441$; $22^2 = 484$; $23^2 = 529$; $24^2 = 576$; $25^2 = 625$; $26^2 = 676$; $27^2 = 729$; $28^2 = 784$; $29^2 = 841$; $30^2 = 900$; $31^2 = 961$

Quadrados perfeitos com três algarismos distintos:

169; 196; 256; 289; 324; 361; 529; 576; 625; 729; 784; 841; 961.

Quadrados perfeitos com algarismos comuns: 169, 196, 961

Resp.: As combinações são: 169, 196, 961

GATOS E RATOS

Resolução:

$5 \times 5 \times 5 = 125$ ratos.

AS GERAÇÕES

Resolução:

Jason = x = 23 anos
Jeferson = $2x$ = 2×23 = 46 anos
Jackson = $3x$ = 3×23 = 69 anos

$$x + 2x + 3x = 138$$
$$6x = 138$$
$$x = \frac{138}{6}$$
$$x = 2$$

O PÁTIO

Resolução:

$$x = bicicletas$$
$$20 - x = carros$$
$$2x + 4(20 - x) = 56$$
$$2x + 80 - 4x = 56$$
$$2x - 4x = 56 - 80$$
$$-2x = -24 \cdot (-1)$$
$$2x = 24$$
$$x = \frac{24}{2}$$
$$x = 12\ bicicletas$$
$$20 - x = 20 - 12 = 8\ carros$$

O POMBAL

Resolução:

$$x + 2x + 1 = 100$$
$$3x + 1 = 100$$
$$3x = 100 - 1$$
$$3x = 99$$
$$x = \frac{99}{3}$$
$$x = 33\ pombas$$

OS COMETAS

Resolução:

$$\begin{array}{r|l} 15 & 3 \\ 5 & 5 \\ 1 & \end{array} \qquad \begin{array}{r|l} 20 & 2 \\ 10 & 2 \\ 5 & 5 \\ 1 & \end{array}$$

15			3	5
20	2	2		5

mmc (15,20) $= 2 \times 2 \times 3 \times 5 = 60$

$1998+60 = 2058$

Resp.: Os dois cometas passarão juntos, novamente, pela Terra em 2058.

O BOLO

Resolução:

$\frac{48}{6} = 8$

$4 \times 8 = 32$ ovos

$0{,}5 \times 8 = 4$ litros de leite

$200 \times 8 = 1600$gramas de margarina

$12 \times 8 = 96$ colheres de farinha

$1 \times 8 = 8$ colheres de fermento em pó

$1 \times 8 = 8$ xícaras de chocolate em pó

A LANCHONETE

Resolução:

x = preço do sanduíche

y = preço do suco

$$\begin{cases} x + 2y = 5 \\ 2x + y = 7 \end{cases}$$

$$\downarrow$$

$$\begin{cases} x + 2y = 5\,.(1) \\ 2x + y = 7\,.(-2) \end{cases}$$

$$\downarrow$$

$$\begin{cases} x + 2y = 5 \\ -4x - 2y = -14 \end{cases}$$

$$-3x = -9\,.(-1)$$

$3x = 9$ | $x + 2y = 5$

$3 + 2y = 5$

$2y = 5 - 3$

$x = \frac{9}{3}$ | $2y = 2$

$y = \frac{2}{2}$

$x = 3$ | $y = 1$

Resp.: O preço do sanduíche é R$3,00 e o preço do suco é R$1,00

A PIPA

Resolução:

$90 - 9 = 81$
$81 : 3 = 27m$
$27 \times 2 = 54m$

Resp.: Rodrigo ficou com 27m e Marcos com 54m.

A COLMEIA

Resolução:

288	2	360	2
144	2	180	2
72	2	90	2
36	2	45	3
18	2	15	3
9	3	5	5
3	3	1	
1			

288	2	2	2	2	2	3	3	
300	2	2	2			3	3	5

$mdc\ (288,360) = 2 \times 2 \times 2 \quad \times 3 \times 3 = 72$

$288 + 360 = 648$
$648 : 72 = 9$

Resp.: 9 grupos de 72 abelhas

O ELEVADOR

Resolução:

Um elevador→ x

$$
\begin{aligned}
x + 7 - 10 - 13 + 9 - 4 &= 5 \\
x + 16 - 27 &= 5 \\
x - 11 &= 5 \\
x &= 5 + 11 \\
x &= 16
\end{aligned}
$$

Resp.: O elevador partiu do 16º andar.

DESCUBRA O NÚMERO NO QUAL PENSEI

Resolução:

$$
\begin{aligned}
(x - 3).4 + 1 &= 65 \\
4x - 12 + 1 &= 65 \\
4x - 11 &= 65 \\
4x &= 65 + 11 \\
4x &= 76 \\
x &= \frac{76}{4} \\
x &= 19
\end{aligned}
$$

Resp.: O número no qual pensei é 19.

A CORRIDA DE CAVALOS

Resolução:

- Primeiro colocado: cavalo 6 (antecessor de 6 → 5 e antecessor de 5 → 4).
- Soma dos antecessores → 5 + 4 = 9 (maior número composto por um único algarismo).
- Segundo colocado: cavalo 7 (sucessor do primeiro).
- Metade do primeiro →3.
- Terceiro colocado: cavalo 4 (sucessor da metade do primeiro).

OS OBJETOS

Resolução:

$$200x + 2500 = 300x - 1500$$
$$200x - 300x = -1500 - 2500$$
$$-100x = -4000 \cdot (-1)$$
$$100x = 4000$$
$$x = \frac{4000}{100}$$
$$x = R\$40{,}00$$
$$200 \times 20 + 2500 = 8000 + 2500 = R\$10.500{,}00$$
$$300 \times 40 - 1500 = 12000 - 1500 = R\$10.500{,}00$$

Resp.: Disponho de R10.500,00.

AS COMPRAS

Resolução:

$$\frac{x}{2}+\frac{x}{4}+\frac{x}{8}=24=x$$
$$8.\frac{x}{2}+8.\frac{x}{4}+8.\frac{x}{8}+8.24=8.x$$
$$4x+2x+x+192=8x$$
$$7x-8x=-192$$
$$-x=-192\cdot(-1)$$
$$x=R\$192{,}00$$

OS BOMBONS

Resolução:

$$35\ \times 4+3+3=146\ bombons$$

A FILA

Resolução:

1) $60cm : 100 = 0{,}60m$
   $222m : 0{,}60m = 370\ pessoas$
2) $222m\ \times 100 = 22.200cm$
   $22.200cm : 60cm = 370\ pessoas$

O COMPRIMENTO DO CAIBRO

Resolução:

$$Pedaço\ menor: x-20=100-20=80cm$$
$$Pedaço\ intermediário: x=100cm$$
$$Pedaço\ maior: x+20=120cm$$

$$x - 20 + x + x + 20 = 300$$
$$3x = 300$$
$$x = \frac{300}{3}$$
$$x = 100$$

PENSE E ECONOMIZE

Resolução:

Por mês: R$120,00 × 12 = R$1.440,00

Por semana: R$40,00 × 52 = R$2.080,00

Logo economizará: R$42.080,00 – R$1.440,00 = R$640,00

MELHOR JOGAR DO QUE ORGANIZAR

Resolução:

A quantidade de jogos é: 32 + 16 + 8 + 4 + 2 = 62 jogos

PENSE NOS ALGARISMOS

Resolução:

É um número maior que 200 e menor que 250 → 2_ _

É divisível por 2 e por 5 → 2_ 0

É divisível por 3 → 210 ou 240

Não é divisível por 7 → 240

O número é 240.

A SECÇÃO ELEITORAL

Resolução:

$$x + x + 153 + 147 = 1240$$
$$2x + 300 = 1240$$
$$2x = 1240 - 300$$
$$2x = 940$$
$$x = \frac{940}{2}$$
$$x = 470$$
$$x + 153 = 470 + 153 = 623$$

Resp.: O candidato eleito obteve 623 votos e o segundo colocado 470 votos.

O DIA DO ANIVERSÁRIO DO PROFESSOR

Resolução:

Sequência dos primeiros primos: 2, 3, 5, 7, 11, 13, 17, 19, 23, 29, 31...

Meses: 1, 2, 3, 4, 5, 6, 7, 8, 9, 10, 11, 12

Possibilidades comuns: números primos e meses.

Exemplo: 13/6

Mês: 4

Dia: 19 ($16 < 19 < 64$)

Quadrado do mês: $4^2 = 16$

Dia + mês = 19 + 4 = 23 (número primo)

Cubo do mês: $4^3 = 64$

Dia – mês = 19 – 4 = 15

Resp.: O aniversário do professor é 19 de abril.

O COMÍCIO

Resolução:

Área do semicírculo:

$$A = \frac{\pi r^2}{2} = \frac{3{,}14\,.\,130^2}{2} = \frac{3{,}14\,.\,16900}{2} = \frac{53066}{2} = 26533m^2$$

$$26533\ \times 4 = 106132\, pessoas.$$

OS GAROTOS

Resolução:

$$x = \text{número de garotos}$$
$$y = \text{valor do dinheiro } (R\$)$$

$$\begin{cases} 12x + 60 = y \\ 15x = y + 6 \end{cases}$$

$$y = 15x - 6$$
$$y = 15 \times 22 - 6$$
$$y = 330 - 6$$
$$y = R\$324{,}00$$

$$15x - 6 = 12x + 60$$
$$15x - 12x = 60 + 6$$
$$3x = 66$$
$$x = \frac{66}{3}$$
$$x = 22\ garotos$$

AS PÁGINAS DO LIVRO

Resolução:

1º dia: 20 Total de páginas: 20 + 25 + 30 + 35 = 110 páginas

2º dia: 20 + 5 = 25

3º dia: 25 + 5 = 30

4º dia: 30 + 5 = 35

SUBTRAIA1

Resolução:

mmc (6, 8, 9) = 72

72 + 1 = 73

Resposta: O número é 73.

ACOMODANDO PASSAGEIROS

Resolução:

Há 5 possibilidades para o lugar do motorista.

Há 4 possibilidades para os demais bancos.

Ficam 3 possibilidades para os restantes.

Agora restam somente 2 possibilidades.

Finalmente, 1 possibilidades para o último lugar a ser ocupado.

Total de possibilidades: 5 ×4 ×3× 2 ×1=120 possibilidades

ENIGMA MATEMÁTICO

Resolução:

O século XIX começa em 1801 e termina em 1900.

O único ano quadrado perfeito (cuja raiz quadrada é exata) do século XIX é: 1849.

$\sqrt{1849} = 43$

1849 + 43 = 1892

O matemático tinha 43 anos e esse diálogo ocorreu em 1892.

AS IDADES DOS FILHOS DO MATEMÁTICO

Resolução:

D(143) = {1, 11, 13, 143}

1 × 143 = 143 (não satisfaz à realidade atual)

11 × 13 = 143

Resp.: 11 anos e 13 anos.

AS CANETAS

Resolução:

600 × R$2,75 = R$1.650,00

R$1.650,00 ÷ R$3,00 = 550

600 – 550 = 50

Resp.: 50 canetas estavam estragadas.

QUAL É O NÚMERO?

Resolução:

Pela equação fundamental da divisão: D = d × q + r

O maior resto possível numa divisão por 18 é 17.

D = 18 x 25 + 17

D = 450 + 17

D = 467

Resp.: O número é 467

A MÉDIA DAS IDADES DOS JOGADORES

Resolução:

$$M_i = \frac{2\ \times 18 + 4\ \times 22 + 2\ \times 24 + 3\ \times 27}{11} = \frac{253}{11} = 23\ anos$$

OS COPOS

Resolução:

400 × 0,05 = R$20,00

R$20,00 – R$18,00 = R$2,00

R$2,00 ÷ R$0,25 = 8 copos

O TEMPO MÉDIO

Resolução:

40min |12
4min 3min
4min = 4×60 = 240s

240s |12
0 20s

Resp.: 3min 20s

O TEMPO TOTAL DE GRAVAÇÃO

Resolução:

16min42s + 13min34s + 21min50s = 50 min126s =50 min + 60s + 60s + 6s = 50 min + 1min + 1min + 6s = 52min 6s

O TEMPO GASTO NO PERCURSO

Resolução:

1ª metade: $v = \frac{s}{t} \Rightarrow 40 = \frac{120}{t} \Rightarrow 40t = 120 \Rightarrow t = \frac{120}{40} \Rightarrow t = 3h$

$$\begin{cases} s = 120km \\ v = 40km/h \\ t = ? \end{cases}$$

2ª metade: $v = \frac{s}{t} \Rightarrow 60 = \frac{120}{t} \Rightarrow 60t = 120 \Rightarrow t = \frac{120}{60} \Rightarrow t = 2h$

$$\begin{cases} s = 120km \\ v = 60km/h \\ t = ? \end{cases}$$

Tempo total: 3h + 2h + 5min = 5h 5min

A DÍVIDA

Resolução:

15 – (–5) = 20 ou $x - 5 = 15$

$x = 15 + 5$

$x = $ R\$20,00

A EXCURSÃO

Resolução:

Solução: Branco, vermelho, verde azul e amarelo, juntos.

A PRODUÇÃO DE PEÇAS

Resolução:

1° trimestre: 6905

2° trimestre: 6.905 + 765 = 7670

No semestre: 6905 + 7670 = 14575 peças

O QUADRADO MÁGICO

Resolução:

Uma possível resolução:

2	9	4
7	5	3
6	1	8

AS CÉDULAS

Resolução:

3 notas de R$50,00 + 4 notas de R$10,00 + 2 notas de 5,00

= 3×50,00 + 4×10,00 + 2×5,00 =

= 150,00 + 40,00 + 10,00 =

= R$ 200,00

3 + 4 + 2 = 9 notas

A DIVISÃO NÃO EXATA

Resolução:

Pela Equação Fundamental da Divisão:

$D = d \times q + r$

$D = 72 \times 15 + 9$

$D = 1080 + 9$

$D = 1089$

Resp.: O dividendo é 1089.

OS PILOTOS

Resolução:

66 × 5 = 330

75 × 5 = 375

375 – 330 = 45 segundos

A TV E O DVD

Resolução:

3500 + 580 =4080

4080 – 750 = 3330 reais

AS IDADES DE RAQUEL, SIMONE E DÉBORA

Resolução:

37 – 7 = 30

30 : 3 = 10

10 + 7 = 17 anos

A DIVISÃO POR 7

Resolução:

Resolução:

1000 | 7
 30   142
  20
   6

100 – r = 100 – 6 = 994

O maior número possível, menor do que 1000, que é divisível por 7 é 994

A CALCULADORA

Resolução:

616 × 3 = 1848

1848 ÷ 11 = 168

Resp.: O número é 168

A IDADE DE CARLINHOS

Resolução:

D(45) = {1, 3, 5, 15, 45}

O maior divisor de 45, exceto 45, é 15.

O TRONCO DE ÁRVORE

Resolução:

Pedaço	1º	2º	3º	4º	5º	6º
Comprimento do pedaço(m)	8	4	2	1	0,5	0,25
Comprimento acumulado (m)	8	12	14	15	15,5	15,75

Resp.: 6 cortes

O IDH

Resolução:

$$IDH = \frac{0{,}89 + 0{,}93 + 0{,}96}{3} = \frac{2{,}78}{3} \simeq 0{,}93$$

OS ALGARISMOS 1, 6 E 9

Resolução:

Possibilidades: 169, 196, 619, 691, 916, 961

Um número é quadrado perfeito quando possui raiz quadrada exata, logo, os três quadrados perfeitos são: 169, 196 e 961.

QUAL É O NÚMERO INTEIRO?

Resolução:

$$x^2 = 2x$$
$$x^2 - 2x = 0$$
$$x(x-2) = 0$$
$$x = 0 \text{ (não serve)}$$
$$x - 2 = 0$$
$$x = 2$$

Resp.: O número é 2

A DURAÇÃO DA AULA

Resolução:

$$5x + 20 = 270$$
$$5x = 250$$
$$x = \frac{250}{5}$$
$$x = 50\ minutos$$

O ROLO DE ARAME

Resolução:

$$\frac{x}{3} + 9 = \frac{x}{2}$$
$$6.\frac{x}{3} + 6.9 = 6.\frac{x}{2}$$
$$2x + 54 = 3x$$
$$2x - 3x = -54$$
$$-x = -54\,.(-1)$$
$$x = 54m$$

OS PACOTES DE LÁPIS

Resolução:

$$\frac{5x+13}{12} = 4$$
$$5x + 13 = 48$$
$$5x = 48 - 13$$
$$5x = 36$$
$$x = \frac{35}{5}$$
$$x = 7 \text{ lápis}$$

A ASSOCIAÇÃO DE PAIS E MESTRES

Resolução:

$$\frac{305+400}{x} = 3,\ x \neq 0$$
$$\frac{705}{x} = 3$$
$$x = 705$$
$$x = \frac{705}{3}$$
$$x = 235 \text{ alunos}$$

OS ÁLBUNS DE FIGURINHAS

Resolução:

$\frac{396}{x+x+8} = 9, \; x \neq -4$

$$\frac{396}{2x+8} = 9$$
$$9(2x+8) = 396$$
$$18x + 72 = 396$$
$$18x = 396 - 72$$
$$18x = 324$$
$$x = \frac{324}{18}$$
$$x = 18 \text{ páginas}$$

OS SOBRINHOS DE IRÂNIA

Resolução:

Sugestão: Represente 1,50 como $\frac{3}{2}$.

$\frac{85}{y} = \frac{100}{y} - \frac{3}{2}, \; x \neq 0 \; e \; y \neq 0$

$$2y.\frac{85}{y} = 2y.\frac{100}{y} - 2y.\frac{3}{2}$$
$$2\,.\,85 = 2\,.\,100 - 3y$$
$$170 = 200 - 3y$$
$$170 - 30 = -3y$$
$$-30 = -3y\,.\,(-1)$$
$$3y = 30$$
$$y = \frac{30}{3}$$
$$y = 10 \text{ sobrinhos}$$

OS LANCHES

Resolução:

$$\frac{1200}{y} = 3.\frac{800}{y+5} \text{ , y ≠ 0 e y ≠ −5}$$

$$\frac{1200}{y} = \frac{2400}{y+5}$$

$$2400y = 1200(y + 5)$$

$$2400y = 1200y - 6000$$

$$2400y - 1200y = 6000$$

$$1200y = 6000$$

$$y = \frac{6000}{1200}$$

$$y = 5 \textit{ lanches}$$

$$y + 5 = 5 + 5 = 10 \textit{ coxinhas}$$

O VESTIBULAR

Resolução:

$\frac{185}{x}$ = tempo de resolução de Laura.

$\frac{210}{x+5}$ = tempo de resolução de Rodolfo.

$$\frac{185}{x} = \frac{210}{x+5} \text{, x ≠ 0 e x ≠ −5}$$

$$210x = 185(x + 5)$$

$$210x = 185x + 925$$

$$210x - 185x = 925$$

$$25x = 925$$

$$x = \frac{925}{25}$$

$x = 37$ questões na prova de Laura

$x + 5 = 37 + 5 = 42$ questões na prova de Rodolfo

A PROMOÇÃO DE CDS

Resolução:

$y - 7 =$ CDs de Renê
$y =$ CDs de Reginaldo
$\frac{176}{y} = \frac{64}{y-7}$, y ≠ 0 e y ≠ 7
$176(y - 7) = 64y$
$176y - 1232 = 64$
$176y - 64y = 1232$
$112y = 1232$
$y = \frac{1232}{112}$
$y = 11$ CDs
$y - 7 = 11 - 7 = 4$ CDs

AS QUESTÕES DA PROVA

Resolução:

$\frac{10(y-4)}{y} = \frac{10}{4} + 5, y \neq 0$
$4y.\frac{10(y-4)}{y} = 4y.\frac{10}{4} + 4.5$
$4.10(y - 4) = 10y + 20$
$40(y - 4) = 10y + 20$
$40y - 160 = 10y + 20$
$40y - 10y = 20 + 180$
$30y = 180$
$y = \frac{180}{30}$
$y = 6$
$y - 4 = 6$
$y = 6 + 4$
$y = 10$ questões

O VENDEDOR DE ASSINATURAS

Resolução:

$35 \times 20 = 700$
$57 - 20 = 37$
$37 \times 45 = 1665$
$800 + 700 + 1665 = 3165\ \boldsymbol{reais}$

OS PACOTES DE LARANJAS

Resolução:

$$\begin{cases} \frac{900}{x} = y, & x \neq 0 \\ \frac{900}{x+2} = y - 5, & x \neq -2 \end{cases}$$

$$\frac{900}{x+2} = \frac{900}{x} - 5$$

$$x(x+2)\,.\frac{900}{x+2} = x(x+2).\frac{900}{x} - 5x(x+2)$$

$$900x = 900(x+2) - 5x^2 - 10x$$

$$900x = 900x + 1800 - 5x^2 - 10x$$

$$5x^2 + 10x + 900x - 900x - 1800 = 0$$

$$5x^2 + 10x - 1800 = 0 : (5)$$

$$x^2 + 2x - 360 = 0$$

$$a = 1, b = 2, c = 360$$

$$x = \frac{-b \pm \sqrt{b^2 - 4ac}}{2a}$$

$$x = \frac{-2 \pm \sqrt{2^2 - 4.1.(-360)}}{2.1}$$

$$x = \frac{-2 \pm \sqrt{4 + 1440}}{2}$$

$$x = \frac{-2 \pm \sqrt{1444}}{2}$$

$$x = \frac{-2 \pm 38}{2}$$

$$x_1 = \frac{-2 + 38}{2}$$

$$x_1 = \frac{36}{2}$$

$$x_1 = 18\ laranjas$$

$$x_2 = \frac{-2 - 38}{2}$$

$$x_2 = \frac{-40}{2}$$

$x = -20$ (não satisfaz às condições do problema)

$$\frac{900}{18} = y \rightarrow y = 50\ pacotes$$

AS POLTRONAS DO AUDITÓRIO

Resolução:

$$\begin{cases} x - y = 8 \\ x \cdot y = 660 \end{cases} \Rightarrow x = 8 + y$$

⇩

$(8 + y)y = 660$

$8y + y^2 = 660$

$y^2 + 8y - 660 = 0$

$a = 1, b = 8, c = -660$

$$y = \frac{-b \pm \sqrt{b^2 - 4ac}}{2a}$$

$$y = \frac{-8 \pm \sqrt{8^2 - 4.1.(-660)}}{2.1}$$

$$y = \frac{-8 \pm \sqrt{64 + 2640}}{2}$$

$$y = \frac{-8 \pm \sqrt{2704}}{2}$$

$$y = \frac{-8 \pm 52}{2}$$

$$y_1 = \frac{-8 + 52}{2}$$

$$y_1 = \frac{44}{2}$$

$y_1 = 22$ fileiras

$$y_2 = \frac{-8 - 52}{2}$$

$$y_2 = \frac{-60}{2}$$

$y_2 = -30$ (não satisfaz às condições do problema)

$x = 8 + y$

$x = 8 + 22$

$x = 30$ poltronas

AS DIMENSÕES DA PISCINA

Resolução:

$$\begin{cases} 2x + 2y = 142 \\ x \,.\, y = 1050 \end{cases}$$

$$2(x + y) = 142$$

$$x + y = \frac{142}{2}$$

$$x + y = 71$$

$$x = 71 - y$$

$$x \,.\, y = 1050$$

$$(71 - y)y = 1050$$

$$71y - y^2 = 1050$$

$$-y^2 + 71y - 1050 = 0 \,.\, (-1)$$

$$y^2 - 71y + 1050 = 0$$

$$a = 1, b = -71, c = 1050$$

$$x = \frac{-b \pm \sqrt{b^2 - 4ac}}{2a}$$

$$y = \frac{-(-71) \pm \sqrt{(-71)^2 - 4.1.1050}}{2.1}$$

$$y = \frac{71 \pm \sqrt{5041 - 4200}}{2}$$

$$y = \frac{71 \pm \sqrt{841}}{2}$$

$$y = \frac{71 \pm 29}{2}$$

$$y_1 = \frac{71 + 29}{2}$$

$$y_1 = \frac{100}{2}$$

$$y_1 = 50m$$

$$y_2 = \frac{71 - 29}{2}$$

$$y_2 = \frac{42}{2}$$

$$y_2 = 21m$$

$$x = 71 - y_1$$
$$x = 71 - 50$$
$$x = 21m$$

$$x = 71 - y_2$$
$$x = 71 - 21$$
$$x = 50m$$

As dimensões da piscina são 50m e 21m ou 21m e 50m.

A MESADA

Resolução:

$$\frac{1}{5}x = 14$$
$$\frac{x}{5} = 14$$
$$x = 5 \times 14$$
$$x = R\$70{,}00$$

O FATO CURIOSO

Resolução:

Considere XY a idade do filho e WZ a do pai, ambas em 1936, sendo X, Y, W e Z algarismos.

Para o filho:

1936–19XY = XY
1900 + 36– (1900 + XY) = XY
1936 – 1900–XY = XY

$$36 - XY = XY$$
$$36 = XY + XY$$
$$36 = 2XY$$
$$2XY = 36$$
$$XY = \frac{36}{2}$$
$$XY = 18.$$

Para o pai:

$$1936 - 18WZ = WZ$$
$$1900 + 36 - (1800 + WZ) = WZ$$
$$1936 - 1800 - WZ = WZ$$
$$136 - WZ = WZ$$
$$136 = WZ + WZ$$
$$136 = 2WZ$$
$$2WZ = 136$$
$$WZ = \frac{136}{2}$$
$$WZ = 68$$

Portanto, a soma das idades de Ribamar e de seu pai é: XY + WZ = 18 + 68= 86 anos.

AS MAÇÃS

Resolução:

maçãs	preço (R$)
3	2,80
3	2,80
3	2,80
3	2,80
3	2,80 +
15	14,00

$$15 \times 0{,}12 = R\$1{,}80$$
$$1{,}80 \times 11 = R\$19{,}90$$
$$19{,}80 - 14{,}00 = R\$5{,}80$$

Ele economizaria R$5,80 pagando o preço por cesta em vez de pagar o preço por unidade.

A ESCOLA

Resolução:

$x = n^{\underline{o}}$ *de alunos da escola*
$y = n^{\underline{o}}$ *de meninos*
$z = n^{\underline{o}}$ *de meninas*

$$\frac{40}{100}x = y$$
$$z = 120$$
$$y + z = x$$

$$\frac{40}{100}x + z = \frac{100}{100}x$$
$$\frac{40}{100}x + 120 = x$$

$$100.\frac{40}{100}x + 100.120 = 100.x$$
$$40x + 12000 = 100x$$
$$40x - 100x = -12000$$
$$-60x = -12000\,.(-1)$$
$$60x = 12000$$
$$x = \frac{12000}{60}$$
$$x = 200\ alunos$$

AS FLORES

Resolução:

$$\frac{8}{11} \cong 72{,}3\%$$

$$\frac{12}{15} = 80\%$$

Resp.: A flor que mais cresceu foi a de 12 polegadas.

O CLUBE DE CIÊNCIAS

Resolução:

$\frac{1}{4} = 0{,}25 = 25\%$

$\frac{7}{20} = 0{,}35 = 35\%$

$\frac{7}{10} = 0{,}70 = 70\%$

$\frac{27}{30} = 0{,}90 = 90\%$ (O vaso retangular mais quadrado é o de **27** pés por 30 pés)

OS PALITOS DE FÓSFOROS

Resolução:

$\frac{2400}{40} = 60\ caixas$

$\frac{60}{10} = 6\ pacotes$

OS APERTOS DE MÃOS

Resolução:

O número total de apertos de mãos é dado pela expressão:

$$\frac{n(n-1)}{2} = \frac{6(6-1)}{2} = \frac{6.5}{2} = \frac{30}{2} = 15\ apertos\ de\ mãos$$

O TERRENO RETANGULAR

Resolução:

$$2x + 2y = 40$$
$$2(x + y) = 40$$
$$2(x + y) = 40$$
$$y = 20 - x$$
$$x(20 - x) = 0$$
$$-x^2 - 20x = 0$$
$$\Delta = 400$$
$$x_v = -\frac{b}{2a}$$
$$x_v = -\frac{20}{2.(-1)}$$
$$x_v = 10m$$
$$y_v = -\frac{\Delta}{4a}$$
$$y_v = -\frac{400}{4(-1)}$$
$$y_v = 100m$$

O terreno é quadrado com 10m de lado.

O ANIVERSÁRIO DE PAULINHO

Resolução:

Mesas	Pessoas
2	6
4	10
6	14

8	18
10	22
12	26
14	30
16	34
18	38

O número de mesas é;

$$\begin{aligned} 2n + 2 &= 38 \\ 2n &= 38 - 2 \\ 2n &= 36 \\ n &= \frac{36}{2} \\ n &= 18\, mesas \end{aligned}$$

A CLASSE DE PEDRINHO

Resolução:

37 – 5 = 32

32 : 4 = 8 problemas

A BANCA DE JORNAIS

Resolução:

6 × 150 = 900

1 × 250 =250

900 + 250 = 1150 jornais

OS NÚMEROS DE DOIS ALGARISMOS

Resolução:

1º número:	2º número:	Soma:	Diferença:
81	18	9	63
72	27	9	15
63	36	9	27
54	45	9	9

Os números são 63 e 36

PÁGINAS DO LIVRO

Resolução:

De 1 a 10: 9 | De 31 a 40: 39 | De 61 a 70: 69

De 11 a 20: 19 | De 41 a 50: 49 | De 71 a 80: 79

De 21 a 30: 29 | De 51 a 60: 59 | De 81 a 90: 89, 90

De 91 a 99: 91, 92, 93, 94, 95, 96, 97, 98, 99

1 + 1 + 1+ 1 + 1 + 1 + 1 + 1 + 2 + 10 = 20 vezes

ADIVINHE SE PUDER

Resolução:

$$6x < 75$$
$$x < \frac{75}{6}$$
$$x < 12{,}5$$

O menor número natural é 12.

PROCURANDO IDADES

Resolução:

$$42 + x + x = 66$$
$$2x + 42 = 66$$
$$2x = 66 - 42$$
$$2x = 24$$
$$x = \frac{24}{2}$$
$$x = 12 \ anos$$

NÚMEROS PERFEITOS

Resolução:

$$d_{12} = \{1, 2, 3, 6, 12\}$$
$$1 + 2 + 3 + 6 = 12$$

O número perfeito é 12.

AS FICHAS DE EQUAÇÕES

Resolução:

$$\frac{264}{2x - 2} = 6$$
$$6(2x - 2) = 264$$
$$12x - 12 = 264$$
$$12x = 264 + 12$$
$$12x = 276$$
$$x = \frac{276}{12}$$
$$x = 23 \text{ alunos}$$

O CAMPEONATO DE 2005

Resolução:

22 - 1 = 21

21 × 2 = 42 partidas

A COOPERATIVA

Resolução:

$$45 + \frac{20}{100} \times 45 + 7 = 45 + \frac{900}{100} + 7 = 45 + 9 + 7 = R\$61{,}00$$

OS AUTÓGRAFOS

Resolução:

$Painel\ A: x = 73\ autógrafos$
$Painel\ B: x - 12 = 73 - 12 = 61\ autógrafos$
$Painel\ A + Painel\ B = x + x - 12$
$Total\ de\ autógrafos: 164 - 30 = 134$
$Equação:$

$$x + x - 12 = 134$$
$$2x - 12 = 134$$
$$2x = 134 + 12$$
$$2x = 146$$
$$x = \frac{146}{2}$$
$$x = 73$$

O CONCURSO PÚBLICO

Resolução:

$$\frac{2}{5} \times 60000 = \frac{120000}{5} = 24000$$
$$60000 - 24000 = 36000 \; candidatos$$

O FRASCO DE XAMPU

Resolução:

$$\begin{cases} x + y = 500 \,.\, (1) \\ x + \frac{y}{2} = 289 \,.\, (-1) \end{cases}$$

$$\begin{cases} x + y = 500 \\ -x - \dfrac{y}{2} = -289 \end{cases}$$

$$y - \frac{y}{2} = 211$$
$$2y - y = 422$$
$$y = 422g$$
$$x + y = 500$$
$$x + 422 = 500$$
$$x = 500 - 422$$
$$x = 78g$$

O frasco vazio pesa 78g.

AS FOTOCÓPIAS

Resolução:

x= nº de fotocópias em preto e branco
y = nº de fotocópias coloridas

$$\begin{cases} 100x + 10y = 14{,}00 \,.\, (-1) \\ 200x + 5y = 20{,}50 \,.\, (2) \end{cases}$$

$$\begin{cases} -100x - 10y = -14{,}00 \\ 400x + 10y = 41{,}00 \end{cases}$$
$$300x = 27{,}00$$
$$x = \frac{27{,}00}{300}$$
$$x = R\$0{,}09$$

$$100x + 10y = 14$$
$$100.0{,}09 + 10y = 14$$
$$9 + 10y = 14$$
$$10y = 14 - 9$$
$$10y = 5$$
$$y = \frac{5}{10}$$
$$y = R\$0{,}50$$

$$3\times R\$0{,}50 = R\$1{,}50$$

As três fotocópias coloridas custarão R$1,50.

O AVÔ DE JÚLIA

Resolução:

$$x^2 + x = 1980$$
$$x^2 + x - 1980 = 0$$
$$a = 1,\ b = 1,\ c = -1980$$
$$x = \frac{-b \pm \sqrt{b^2 - 4ac}}{2a}$$

$$x = \frac{-1 \pm \sqrt{1^2 - 4.1.(-1980)}}{2.1}$$

$$x = \frac{-1 \pm \sqrt{1 + 7920}}{2}$$

$$x = \frac{-1 \pm \sqrt{7921}}{2}$$

$$x = \frac{-1 \pm 89}{2}$$

$$x_1 = \frac{-1 + 89}{2}$$

$$x_1 = \frac{88}{2}$$

$x_1 = 44\ anos$

$x_2 = \frac{-1-89}{2}$

$x_2 = \frac{-90}{2}$
$x_2 = -45\ anos$ (não satisfaz)

2006- 1980 = 26 anos
44 + 26 = 70 anos

Completei hoje 70 anos.

A MERCADORIA

Resolução:

$$180 + \frac{32}{100} \times 180 = 180 + \frac{5760}{100} = 180 + 57{,}6 = R\$237{,}60$$

OS NÚMEROS NATURAIS CONSECUTIVOS

Resolução:

1º *número*: x
2º *número*: $x + 1$

$$(x + 1)^2 - x^2 = 331$$
$$x^2 + 2x + 1 - x^2 = 331$$
$$2x + 1 = 331$$
$$2x = 331 - 1$$
$$2x = 330$$
$$x = \frac{330}{2}$$
$$x = 165$$
$$x + 1 = 165 + 1 = 166$$

Resp.: Os números são 165 e 166.

OS MENINOS E AS MENINAS

Resolução:

$$\begin{cases} y = 2(x-1) \\ y - 6 = x \end{cases}$$

$$y = x + 6$$
$$2(x-1) = x + 6$$
$$2x - 2 = x + 6$$
$$2x - x = 6 + 2$$
$$x = 8\ meninos$$
$$y = x + 6$$
$$y = 8 + 6$$
$$y = 14\ meninas$$

OS COMERCIANTES

Resolução:

1) Comerciante A (preço do kg):

$R\$0{,}85$

Comerciante B (preço do kg):

$$\frac{1{,}00}{1{,}2} \simeq R\$0{,}83$$

b) Comerciante A:

0,85×15 = R$12,75

Comerciante B:

0,83×15 = R$12,45

Diferença de preços:

R$12,75 – R$12,45 = R$0,30

Resp.: A diferença de preços é de R$0,30.

AS DUAS POSSIBILIDADES

Resolução:

1) Opção (a):

$$15\%\ de\ 100 = \frac{15}{100} \times 100 = 15$$
$$100 - 15 = 85$$
$$V_1 = R\$\,85{,}00$$

Opção (b):

$$15\% = \frac{15}{100} = 0{,}15$$
$$V_2 = \frac{50}{1 + 0{,}15} + \frac{50}{(1 + 0{,}15)^2}$$

$$V_2 = \frac{50}{1{,}15} + \frac{50}{(1{,}15)^2}$$

$$V_2 = \frac{50}{1{,}15} + \frac{50}{(1{,}15)^2}$$

$$V_2 = \frac{50 \times 1{,}15 + 50}{(1{,}15)^2}$$

$$V_2 = \frac{57{,}5 + 50}{1{,}3225}$$

$$V_2 = \frac{107{,}50}{1{,}3225}$$

$$V_2 = R\$\,81{,}28$$

Resp.: A melhor alternativa é a "opção (a), à vista com 15% de desconto.

2)

$$15\%\ de\ 100 = \frac{15}{100} \times 100 = 15$$
$$100 - 15 = 85$$
$$85 = 50 + \frac{50}{1 + i}$$

$$35 = \frac{50}{1+i}$$

$$\begin{aligned} 35(1+i) &= 35 \\ 35 + 35i &= 50 \\ 35i &= 50 - 35 \\ 35i &= 15 \\ i &= \frac{15}{35} \\ i &\cong 42{,}85\% \end{aligned}$$

Resp.: A taxa de juros cobrada por essa loja, no pagamento a prazo, é de aproximadamente, 42,85%.

VIAGENS ESPACIAIS

Resolução:

$$v = \frac{d}{t}$$

$$24\,000 = \frac{40\,200\,000}{t}$$

$$24\,000t = 40200000$$

$$t = \frac{40\,200\,000}{24\,000}$$

$$t = 1675h$$

1675 : 24≅ 69,79d

Resp.: Em aproximadamente 70 dias.

O SALÁRIO

Resolução:

$$x = \frac{2}{5}x + \frac{\frac{3}{5}x}{2} + \frac{3}{10}x.\frac{1}{3} + 300$$

$$30x = 30.\frac{2}{5}x + 30.\frac{\frac{3}{5}x}{2} + 30.\frac{3}{10}x.\frac{1}{3} + 30.300$$

$$30x = 6.2x + 15.\frac{3}{5}x + 3x + 9000$$

$$30x = 12x + 3.3x + 3x + 9000$$
$$30x = 12x + 9x + 3x + 9000$$
$$30x = 24x + 9000$$
$$30x - 24x = 9000$$
$$6x = 9000$$
$$x = \frac{9000}{6}$$
$$x = R\$1\ 500{,}00$$

A VITÓRIA-RÉGIA

Resolução:

$2^x = 30$

x = número de dobras do 2º dia

2^x = número total de dias

$x \in N$

Aplicando o logaritmo a ambos os membros:

$$log2^x = log30$$
$$xlog2 = log30$$

$$x = \frac{log30}{log2}$$

$$x = \frac{1,477}{0,301}$$

$$x \simeq 4,906$$

Calculando o total de dias:

$$2^x = 2^{4,906} \simeq 29,981$$

Como o valor deve ser natural, então:

Resp.: As duas vitórias-régias ocupariam toda a lagoa em 29 dias.

A PRODUÇÃO SEMESTRAL

Resolução:

$$1^{\underline{o}}\ semestre: x$$
$$2^{\underline{o}}\ semestre: x + 500$$
$$3^{\underline{o}}\ semestre: x + 500 + 500 = x + 1000$$
$$4^{\underline{o}}\ semestre: x + 500 + 500 + 500 = x + 1500$$
$$Produção\ em\ dois\ anos: 6200\ unidades$$
$$Equação:$$
$$x + x + 500 + x + 1000 + x + 1500 = 6200$$
$$4x + 3000 = 6200$$
$$4x = 6200 - 3000$$
$$4x = 3200$$
$$x = \frac{3200}{4}$$
$$x = 800\ unidades$$

O LUCRO

Resolução:

$$250 - 230 = 20$$
$$\frac{20}{230} \cong 8{,}7\%$$

Resp.: O lucro é de, aproximadamente, 8,7%.

O EMPRÉSTIMO

Resolução:

$$M = C(1+i)^t$$
$$M = 450(1+0{,}12)^6$$
$$M = 450(1{,}12)^6$$
$$M = 450.1{,}973822685$$
$$M = R\$\,888{,}22$$

Resp.: A dívida de André em seis meses é $R\$$ 888,22.

O ÍNDICE DO PIB

Resolução:

$$Índice\ do\ PIB = \frac{\log(PIB\ per\ capita) - log100}{log40000 - log100}$$

$$Índice\ do\ PIB = \frac{log10000 - 2}{\log\,(4 \times 10000) - 2}$$

$$Índice\ do\ PIB = \frac{\log\,(100 \times 100) - 2}{log4 + log10000 - 2}$$

$$Índice\ do\ PIB = \frac{log100 + log100 - 2}{log2^2 + log100^2 - 2}$$

$$\text{Índice do PIB} = \frac{2+2-2}{2log2 + 2log100 - 2}$$

$$\text{Índice do PIB} = \frac{4-2}{2 \times 0{,}301 + 2 \times 2 - 2}$$

$$\text{Índice do PIB} = \frac{2}{0{,}602 + 4 - 2}$$

$$\text{Índice do PIB} = \frac{2}{0{,}602 + 2}$$

$$\text{Índice do PIB} = \frac{2}{2{,}602}$$

$$\text{Índice do PIB} \simeq 0{,}769$$

A FESTA DE CONFRATERNIZAÇÃO

Resolução:

Em quantidade, o número de cadeiras é igual ao dobro do número de mesas mais dois, ou seja:

$$\begin{aligned} 2n + 2 &= 40 \\ 2n &= 40 - 2 \\ 2n &= 38 \\ n &= \frac{38}{2} \\ n &= 19\, mesas \end{aligned}$$

A BALANÇA

Resolução:

$$\begin{aligned} 6t + 2 &= 4 + 2t \\ 6t - 2t &= 4 - 2 \\ 4t &= 2 \\ t &= \frac{2}{4} \\ t &= 0{,}5kg \end{aligned}$$

O TERRENO RETANGULAR

Resolução:

$$(30-2)(20-2) = 20 \times 18 = 504m^2$$

O POSTE

Resolução:

$$x^2 = 3^2 + 4^2$$
$$x^2 = 16 + 9$$
$$x^2 = 25$$
$$x = \sqrt{25}$$
$$x = 5m$$

O QUADRILÁTERO

Resolução:

$$a + b + 120° + 70° = 360°$$
$$a + b + 190° = 360°$$
$$a + b = 360° - 190°$$
$$a + b = 170°$$

$$\begin{cases} a + b = 170 \\ a - b = 70 \end{cases}$$
$$2a = 240$$
$$a = \frac{240}{2}$$
$$a = 120°$$

$$a + b = 170°$$
$$120° + b = 170°$$
$$b = 170° - 120°$$
$$b = 50°$$

A CIRCUNFERÊNCIA DA TERRA

Resolução:

$$\frac{x}{360°} = \frac{785}{7{,}2°}$$
$$7{,}2x = 360 \times 785$$
$$7{,}2x = 282600$$
$$x = \frac{282600}{7{,}2}$$
$$x = 39250km$$

O SEGMENTO

Resolução:

$$\frac{BC}{B'C'} = \frac{AC}{A'C'}$$

$$\frac{BC}{4} = \frac{6}{2}$$
$$2BC = 6 \times 4$$
$$2BC = 24$$
$$BC = \frac{24}{2}$$
$$BC = 12cm$$

O CENTRO E O RAIO DA CIRCUNFERÊNCIA

Resolução:

C(8,0) e r = 3unidades

A MALHA RETANGULAR

Resolução:

$$\begin{cases} 2x + 4y = 92\,.\,(-3) \\ 3x + 3y = 84\,.\,(4) \end{cases}$$

$$\begin{cases} -6x - 12y = -276 \\ 12x + 3y = 336 \end{cases}$$

$$6x \quad = 60$$

$$x = \frac{60}{6}$$

$$x = 10\,unidades$$

$$2x + 4y = 92$$
$$2.10 + 4y = 92$$
$$20 + 4y = 92$$
$$4y = 92 - 20$$
$$4y = 72$$
$$y = \frac{72}{4}$$
$$y = 18\,unidades$$

A TÁBUA QUADRADA

Resolução:

$$9x^2 = 2304$$
$$x^2 = \frac{2304}{9}$$
$$x^2 = 256$$
$$x = \sqrt{256}$$
$$x = 16cm$$

O NADADOR

Resolução:

$$AC^2 = 50^2 + 16^2$$
$$AC^2 = 2500 + 256$$
$$AC^2 = 2756$$
$$AC = \sqrt{2756}$$
$$AC \simeq 52{,}49m$$

A TIROLESA

Resolução:

$$67^2 = x^2 + 30^2$$
$$4489 = x^2 + 900$$
$$x^2 + 900 = 4489$$
$$x^2 = 4489 - 900$$
$$x^2 = 3589$$
$$x = \sqrt{3589}$$
$$x \simeq 59{,}9m$$

OS EDIFÍCIOS

Resolução:

$$25^2 = x^2 + 20^2$$
$$625 = x^2 + 400$$
$$x^2 + 400 = 625$$
$$x^2 = 625 - 400$$
$$x^2 = 225$$
$$x = \sqrt{225}$$
$$x = 15m$$

Altura do edifício:
14m + 15m = 29m

TRIÂNGULOS SEMELHANTES

Resolução:

$$\frac{y}{8} = \frac{8}{x} = \frac{12}{6}$$

$$\frac{y}{8} = \frac{12}{6}$$

$$\frac{y}{8} = 2$$

$$y = 8 \times 2$$
$$y = 16$$

$$\frac{8}{x} = \frac{12}{6}$$

$$\frac{8}{x} = 2$$

$$2x = 8$$
$$x = \frac{8}{2}$$
$$x = 4$$

A DISTÂNCIA ENTRE AS CIDADES

Resolução:

30 000 000cm = 300km

cm	km
1	300
3,9	x

$$\text{x} = 300 \times 3{,}9$$
$$\text{x} = 1170\text{km}$$

O LADO DO CARTÃO QUADRADO

Resolução:

$x^2 = 100$
$x = \sqrt{100}$
$x = 10m$
Lado do cartão:
10cm + 2cm + 2cm = 14cm

Lado do cartão:

10cm + 2cm + 2cm = 14cm

Resp.: O lado do cartão mede 14cm.

O LEVANTAMENTO ESTATÍSTICO

Resolução:

1 +2 + 8 + 13 + 11 + 5 = 40 acertos

A MAIOR ÁREA

Resolução:

A região sombreada "V" tem maior área.

A DIAGONAL DA PRAÇA

Resolução:

$d^2 = 30^2 + 40^2$
$d^2 = 900 + 1600$
$d^2 = 2500$
$d = \sqrt{2500}$
$d = 50m$

A LIGAÇÃO ELÉTRICA

Resolução:

$$x^2 = (7-1)^2 + 8^2$$
$$x^2 = 6^2 + 8^2$$
$$x^2 = 36 + 64$$
$$x^2 = 100$$
$$x = \sqrt{100}$$
$$x = 10m$$

A MEDIDA DO ÂNGULO

Resolução:

1h = 30°

2h = 2 × 30° = 60°

Resp.: 60°

O COMPRIMENTO DA ESTRADA

Resolução:

$$BC^2 = 90^2 + 80^2 - 2 \times 90 \times 80 \times \cos 120°$$
$$BC^2 = 8100 + 6400 - 14400 \times (-0{,}5)$$
$$BC^2 = 14500 + 7200$$
$$BC^2 = 21700$$
$$BC = \sqrt{21700}$$
$$BC \simeq 147{,}3km$$

A MONTANHA

Resolução:

$\tan 45° = \frac{h}{x}$

$\tan 45° = 1$

$\frac{h}{x} = 1$

$h = x$

$\tan 30° = \frac{h}{200+x}$

$\tan 30° = \frac{\sqrt{3}}{3}$

$$\frac{h}{200+x} = \frac{\sqrt{3}}{3}$$

$$\frac{h}{200+h} = \frac{\sqrt{3}}{3}$$

$$3h = 200\sqrt{3} + h\sqrt{3}$$

$$3h = 200 \times 1{,}73 + h \times 1{,}73$$

$$3h - 1{,}73h = 200 \times 1{,}73$$

$$1{,}27h = 346$$

$$h = \frac{346}{1{,}27}$$

$$h \simeq 272{,}44m$$

Resp.: A altura aproximada da montanha é de 272,44m.

A ILHA

Resolução:

Cálculo do ângulo $\hat{M}$:

$\hat{M} = 180° - (105° + 45°)$

$\hat{M} = 180° - 150°$

$\hat{M} = 30°$

Pela Lei dos Senos:

$$\frac{x}{sen 45°} = \frac{5}{sen 30°}$$

$$\frac{x}{\frac{\sqrt{2}}{2}} = \frac{5}{\frac{1}{2}}$$

$$\frac{x}{2} = \frac{5\sqrt{2}}{2}$$

$$x = 5\sqrt{2}$$
$$x = 5 \times 1{,}41$$
$$x \simeq 7{,}05km$$

Resp.: A distância de Abel ao monumento é de, aproximadamente, 7,05km.

O TESTE DE MÚLTIPLA ESCOLHA

Resolução:

Há 4 alternativas para escolha entre cada uma das 10 questões, portanto, podem ser formados 4^{10} gabaritos.

A FILA

Resolução:

$M_1 M_2 M_3 M_4$__ __ __
__ $M_1 M_2 M_3 M_4$__ __
__ __ $M_1 M_2 M_3 M_4$ __
__ __ __ $M_1 M_2 M_3 M_4$

$4 \times P_3 \times P_4 = 4 \times 3! \times 4! = 4 \times 6 \times 24 = 576$ modos

O OCTÓGONO

Resolução:

$$C_8^2 = \frac{8!}{(8-2)!\,2!} = \frac{8!}{6!\,2!} = \frac{8 \times 7 \times 6!}{6!\,2!} = \frac{56}{2} = 28\, retas$$

OS ANAGRAMAS

Resolução:

a) C_ _ _ _ _ O
C_ _ _ _ _ A
C_ _ _ _ _ E
R_ _ _ _ _ O
R_ _ _ _ _ A
R_ _ _ _ _ E
G_ _ _ _ _ O
G_ _ _ _ _ A
G_ _ _ _ _ E
M_ _ _ _ _ O
M_ _ _ _ _ A
M_ _ _ _ _ E

$12 \times P_5 = 12 \times 5! = 12 \times 120 = 1440$ anagramas

b) COR_ _ _ _
_ COR_ _ _
_ _COR _ _
_ _ _COR _
_ _ _ _COR

$5 \times P_4 = 5 \times 24 = 120$ anagramas

c) COR_ _ _ _
_ COR_ _ _
_ _COR _ _
_ _ _COR _
_ _ _ _COR

$5 \times P_3 \times P_4 = 5 \times 6 \times 24 = 720$ anagramas

d) C_R_G_M
O A E

$P_4 \times P_3 = 4! \times 3! = 24 \times 6 = 144$ anagramas

e) CO_ _ _ _ _
_ CO_ _ _ _
_ _CO_ _ _
_ _ _CO_ _
_ _ _ _CO_

$P_5 = 5! = 120$ anagramas

A PRATELEIRA

RESOLUÇÃO:

$M_1 M_2 M_3 M_4 M_5 G_1 G_2 G_3 P_1 P_2 P_3 P_4$

$P_3 \times P_5 \times P_3 \times P_4 = 3! \times 5! \times 3! \times 4! = 6 \times 120 \times 6 \times 24 = 103680$ anagramas

AS COMISSÕES

RESOLUÇÃO:

a) $C_8^3 \times C_6^2 = \frac{8!}{(8-3)!3!} \times \frac{6!}{(6-2)!2!} = \frac{8!}{5!3!} \times \frac{6!}{4!2!} = \frac{8 \times 7 \times 6 \times 5!}{5!3!} \times \frac{6 \times 5 \times 4!}{4!2!}$

$= 56 \times 15 = 840$ modos

b) $C_6^3 \times C_8^2 + C_6^4 \times C_8^1 + C_6^5 = \frac{6!}{(6-3)!3!} \times \frac{8!}{(8-2)!2!} + \frac{6!}{(6-4)!4!} \times \frac{8!}{(8-1)!1!} + \frac{6!}{(6-5)!5!}$

$= \frac{6!}{3!3!} \times \frac{8!}{6!2!} + \frac{6!}{2!4!} \times \frac{8!}{7!1!} + \frac{6!}{1!5!} = \frac{6 \times 5 \times 4 \times 3!}{3!3!} \times \frac{8 \times 7 \times 6!}{6!2!} + \frac{6 \times 5 \times 4!}{2!4!} \times \frac{8 \times 7!}{7!1!} + \frac{6 \times 5!}{1!5!}$

$= 20 \times 28 + 15 \times 8 + 6 = 686$ modos

O NÚMERO DE CASOS

Resolução:

Alternativa "A".

A SOMBRA DA ÁRVORE

Resolução:

$$\tan 30° = \frac{x}{18}$$

$$\frac{\sqrt{3}}{3} = \frac{x}{18}$$

$$3x = 18\sqrt{3}$$

$$3x = 18 \times 1{,}73$$

$$3x = 31{,}14$$

$$x = \frac{31{,}14}{3}$$

$$x \simeq 10{,}38m$$

A VELOCIDADE MÉDIA DOS VEÍCULOS

Resolução:

$$V_m = \frac{20 \times 5 + 30 \times 15 + 40 \times 30 + 50 \times 40 + 60 \times 6 + 70 \times 3 + 80 \times 1}{5 + 15 + 30 + 40 + 6 + 3 + 1}$$

$$V_m = \frac{100 + 450 + 1200 + 2000 + 360 + 210 + 80}{100}$$

$$V_m = \frac{4400}{100}$$

$$V_m = 44km/h$$

A CAIXA

Resolução:

$1m^3 \quad 1000\ell$
$x \quad 16000\ell$

$$1000x = 16000$$
$$x = \frac{16000}{1000}$$
$$x = 16m^3$$

$$4 \times 2 \times a = 16$$
$$8a = 16$$
$$a = \frac{16}{8}$$
$$a = 2m$$

Resp.: A medida da altura caixa é 2m.

OS CUBOS

Resolução:

$$a_1 = \frac{a_2}{2}$$
$$a_2 = 2a_1$$
$$V_1 = a_1^3$$

$$V_2 = a_2^3$$

$$V_2 = (2a_1)^3$$

$$V_2 = 8a_1^3$$

$$\frac{V_1}{V_2} = \frac{a_1^3}{8a_1^3}$$

$$\frac{V_1}{V_2} = \frac{1}{8}$$

Resp.: A razão entre o volume do cubo 1e o volume do cubo 2 é $\frac{1}{8}$.

OS TANQUES

Resolução:

$V_a = \pi R^2 h$

$V_b = \pi.\left(\frac{R}{2}\right)^2.2h$

$V_b = \pi.\frac{R^2}{4}.2h$

$V_b = \frac{\pi R^2 h}{2}$

$V_c = \pi.(2R)^2.\frac{h}{2}$

$V_c = \pi 4R^2.\frac{h}{2}$

$V_c = 2\pi R^2 h$

Resp.: O tanque "c".

O COPO CÔNICO

Resolução:

$V = \frac{1}{3}\pi r^2 h$

$250 = \frac{1}{3} \times 3{,}14 \times 5^2 \times h$

$$250 = \frac{3{,}14 \times 25h}{3}$$

$$250 = \frac{78{,}5h}{3}$$

$$78{,}5h = 250 \times 3$$

$$78{,}5h = 750$$

$$h = \frac{750}{78{,}5}$$

$$h \simeq 9{,}5cm$$

Resp.: A altura do copo é de, aproximadamente, 9,5cm.

A LATA

Resolução:

$$S_b = \ell \times \ell$$
$$S_b = 30cm \times 30cm$$
$$S_b = 900cm^2$$

$$V = S_b h$$
$$V = 900cm^2 \times 40cm$$
$$V = 36000cm^3$$

$$2m^3 = 2\,000\,000cm^3$$
$$\frac{2\,000\,000cm^3}{36000cm^3} \simeq 56\ vezes$$

Resp.: Manoel precisará ir ao rio buscar água, no mínimo, 56 vezes.

O TRANSPORTE DAS CAIXAS

Resolução:

$x = \textit{número de carrinhos}$
$y = \textit{número de caixas}$

$$\begin{cases} 2x + 13 = y \\ 3(x - 3) = y \end{cases}$$

$$\begin{aligned} 3(x - 3) &= 2x + 13 \\ 3x - 9 &= 2x + 13 \\ 3x - 2x &= 13 + 9 \\ x &= 22 \textit{ carrinhos} \end{aligned}$$

$$\begin{aligned} y &= 3(x - 3) \\ y &= 3(22 - 3) \\ y &= 3 \times 19 \\ y &= 57 \textit{ caixas} \end{aligned}$$

Resp.: Ricardo deverá transportar 57 caixas.

A SENHA DO CARTÃO

Resolução:

A senha era 74658.

OS JARROS

Resolução:

Transfira o conteúdo do jarro A para o jarro B até completar 5 litros; jogue a água do jarro B para o jarro C; esvazie o conteúdo do jarro C no jarro A; coloque o conteúdo do jarro B no jarro C; encha o jarro B com o conteúdo do jarro A;

Despeje o conteúdo do jarro B no jarro C até completa-lo. Por último, despeje o conteúdo do jarro C no jarro A;

Ficamos com 4 L de água no jarro A e com 4 L no jarro B.

O NÚMERO DE ALUNOS DA TURMA

Resolução:

Do enunciado:

$n \,\underline{\vert\, 8\,}$	$n \,\underline{\vert\, 6\,}$	$n \,\underline{\vert\, 12\,}$
$3 \quad x$	$3 \quad y$	$3 \quad z$
$n = 8x + 3$	$n = 6y + 3$	$n = 12z + 3$
$n - 3 = 8x$	$n - 3 = 6y$	$n - 3 = 12z$

Repare que $(n - 3)$ é um número múltiplo de 6, 8 e 12, ou seja, é múltiplo de 24, pois mmc (6, 8,12) = 24.

Como $115 < n < 130$, $112 < n - 3 < 127$

O único múltiplo de 24 entre 112 e 127 é o $120 = 24 \cdot 5$.

Assim:

$n - 3 = 120$

$n = 120 + 3$

$n = 123$ *alunos*

OS SAPATOS

Resolução:

Observe que $18^2 = 324$ e $24^2 = 576$

A soma dos algarismos de 324 é 9, e a soma dos algarismos de 576 é 18.

Como $18 = 2 \cdot 3^2$, Paola possui 24 sapatos.

A COLEÇÃO DE LAPISEIRAS

Resolução:

Os números primos formados por dois algarismos consecutivos são:23, 43, 67 e 89.

Observe a soma dos quadrados desses primos:

$2^2 + 3^2 = 13$, $4^2 + 3^2 = 25$, $6^2 + 7^2 = 85$ e $8^2 + 9^2 = 145$.

Dessa maneira, n só pode ser 23.

Resp.: Pedro possui 23 lapiseiras.

O NÚMERO DE PÃES

Resolução:

Os únicos dois números primos positivos de dois algarismos cuja soma dos algarismos resulta num quadrado de um número primo são 13 e 31, pois $1 + 3 = 2^2$ e 2 é primo.

Como tal número não pode ser o último dia do mês, marcos teria de comprar 13 pães.

EM QUE MÊS MARISA NASCEU?

Resolução:

Observe que um número natural de seis algarismos só pode ser palíndromo se tiver a seguinte característica: Abccba.

No nosso caso, isso significa que o mês deve ter os dois algarismos iguais, e isso só ocorre com o mês de novembro.

Resp.: Portanto, Marisa nasceu em novembro.

TIJOLOS NO CAMINHÃO

Resolução:

Um saco de areia equivale a oito tijolos.

Se o caminhão pode carregar ainda 18 sacos, então pode carregar $18 \times 8 = 144$ tijolos.

IDADES DE DUAS PESSOAS

Resolução:

Chamaremos de y a idade da pessoa mais nova e de x a idade da pessoa mais velha. O problema diz que atualmente as idades estão na razão de 4 para 5, então:

$$\frac{y}{x} = \frac{4}{5} \ (equação\ 1)$$

O problema diz também que há oito anos as idades estavam na razão de 8 para 11. Logo:

$$\frac{y-8}{x-8} = \frac{8}{11} \ (equação\ 2)$$

Isolando y na equação 1:

$$y = \frac{4x}{5}$$

Substituindo y na equação 2, encontramos o valor de x:

$$\frac{\frac{4x}{5} - 8}{x-8} = \frac{8}{11}$$

$$\frac{4x}{5} - 8 = \frac{8}{11}(x-8)$$

$$\frac{4x}{5} - 8 = \frac{8x-64}{11}$$

$$\frac{44x}{55} - \frac{440}{55} = \frac{5(8x-64)}{55}$$

$$\begin{aligned} 44x - 440 &= 40x - 320 \\ 44x - 40x &= 440 - 320 \\ 4x &= 120 \\ x &= 30\ anos \end{aligned}$$

Portanto, a idade da pessoa mais velha é 30 anos.

QUANTAS PÁGINAS TÊM O LIVRO?

Resolução:

Sendo N o número de páginas do livro, temos:

$$\frac{N}{5} = \frac{N}{3} - 16$$

$$\frac{N}{5} - \frac{N}{3} = -16$$

$$15.\frac{N}{5} - 15.\frac{N}{3} = 15.(-16)$$

$$
\begin{aligned}
3N - 5N &= -240 \\
-2N &= -240\,.(-1) \\
2N &= 240 \\
N &= \frac{240}{2} \\
N &= 120
\end{aligned}
$$

Resp.: O livro possui 120 páginas.

QUANTOS NOVES?

Resolução:

Existem 20 noves entre 0 e 100: um em cada algarismo das unidades (9,19,29, 39...99), e mais os dez noves da dezena 9 (90,91, 92...99). No total, 10 + 10 = 20 noves.

BANDO DE MARRECAS

Resolução:

Seja x o número real de marrecas. Segundo o enunciado, formamos a equação:

$$
\begin{aligned}
2x + \frac{x}{2} + \frac{x}{4} + 1 &= 100 \\
4.2x + 4.\frac{x}{2} + 4.\frac{x}{4} + 4.1 &= 4.100 \\
8x + 2x + x + 4 &= 400 \\
11x &= 400 - 4 \\
11x &= 396 \\
x &= \frac{396}{11} \\
x &= 36
\end{aligned}
$$

Logo, o número real de marrecas é 36.

PROBLEMA DAS IDADES

Resolução:

Tu tinhas uma idade que chamaremos de x e hoje tens uma idade que chamaremos de y. Eu tenho o dobro da idade que tu tinhas quando eu tinha a tua idade atual y (o dobro de x), ou seja, eu tenho $2x$ anos. Então:

Tu tinhas x e agora tens y. Eu tinha y e agora tenho $2x$. Portanto, temos que:

$$
\begin{aligned}
y - x &= 2x - y \\
y + y &= 2x + x \\
2y &= 3x \\
x &= \frac{2}{3}y
\end{aligned}
$$

Substituindo o valor de x, temos:

Tu tinhas $\frac{2}{3}y$ e agora tens y. Eu tinha y e agora tenho $\frac{4}{3}y$.

Agora preste atenção na segunda frase: "quando tu tiveres a minha idade, a soma das nossas idades será de 45 anos".

Tu tens y e, para ter a minha idade, que é $\frac{4}{3}y$, deve-se somar a tua idade y com mais $\frac{1}{3}y$. Somando $y + \frac{1}{3}y$, tu terás a minha idade, ou seja, $\frac{4}{3}y$. Como somamos $\frac{1}{3}y$ à tua idade, devemos somar à minha também, ou seja:

Agora eu tenho $\frac{4}{3}y + \frac{1}{3}y$, logo tenho $\frac{5}{3}y$.

A soma de nossas idades deve ser igual a 45 anos:

$$\frac{4}{3}y + \frac{5}{3}y = 45$$
$$\frac{9}{3}y = 45$$
$$3y = 45$$
$$y = \frac{45}{3}$$
$$y = 15$$

No início, descobrimos que $x = \frac{2}{3}y$, portanto $x = \frac{2}{3}.15$, logo $x = 10$.

Finalmente, quais são as nossas idades? Como dissemos no início, a tua idade atual é y, ou seja, 15 anos. E a minha idade é $2x$, ou seja, 2×10, que é igual a 20 anos.

Portanto, as idades são 20 e 15 anos.

QUANTO DINHEIRO?

Resolução:

Vamos considerar que quando o homem entrou na primeira loja ele tinha N reais. Então o nosso objetivo é achar o valor de N. O problema diz que em cada loja o homem gastou R$ 1 a mais do que a metade do que tinha ao entrar. Logo:

- Loja 1:

O homem entrou com N e gastou $\frac{N}{2} + 1$. Portanto, o homem ficou com:

$$N - \left(\frac{N}{2} + 1\right) =$$

$$= N - \frac{N}{2} - 1 =$$

$$= \frac{2N - N - 2}{2} =$$

$$= \frac{N - 2}{2}$$

- Loja 2:

O homem entrou com $\frac{N-2}{2}$ e gastou:

$$\frac{\frac{N-2}{2}}{2} + 1 =$$

$$= \frac{N - 2}{4} + 1$$

$$= \frac{N + 2}{4}$$

Portanto, o homem ficou:

$$\frac{N-2}{2} - \frac{N+2}{4} =$$

$$= \frac{2N - 4 - N - 2}{4} =$$

$$= \frac{N - 6}{4}$$

- Loja 3

O homem entrou com $\frac{N-6}{4}$ e gastou:

$$\frac{\frac{N-6}{4}}{2} + 1 =$$

$$= \frac{N - 6}{8} + 1 =$$

$$= \frac{N - 6 + 8}{8} =$$

$$= \frac{N+2}{8}$$

Depois disso, sabemos que o homem ficou com $R\$$ 0 (zero reais), pois o problema diz que ele gastou tudo o que tinha nas três lojas. Então concluímos que o dinheiro com qual ele entrou última loja menos o dinheiro que ele gastou nessa Portanto, quando o homem na primeira loja, tinha $R\$14{,}00$.

$$\frac{N-6}{4} - \frac{N+2}{8} = 0$$

$$8 \times \frac{N-6}{4} - 8 \times \frac{N+2}{8} = 8.0$$

$$2(N-6) - (N+2) = 0$$

$$\begin{aligned} 2N - 12 - N - 2 &= 0 \\ N - 14 &= 0 \\ N &= 0 + 14 \\ N &= 14 \end{aligned}$$

GARRAFAS DE VINHO

Resolução:

Sendo N o número de garrafas e P o preço de cada garrafa, temos:

$$\begin{aligned} N \times P &= 1000 \\ P &= \frac{1000}{N} \end{aligned}$$

Tirando quatro garrafas e aumentando o preço da dúzia em R\$100, chegamos à segunda equação:

$$(N-4)\times P+\frac{N-4}{12}\times 100=1000$$

$$(N-4)\times P+(N-4)\times\frac{100}{12}=1000$$

Coloquemos $N - 4$ em evidência e substituindo P:

$$(N-4)\left(P+\frac{100}{12}\right)=1000$$

$$(N-4)\left(\frac{1000}{N}+\frac{100}{12}\right)=1000$$

$$\frac{1000(N-4)}{N}+\frac{100(N-4)}{12}=1000$$

$$12N\times\frac{1000(N-4)}{N}+12N\times\frac{100(N-4)}{12}=1000$$

$$12\times 1000(N-4)+N\times 100(N-4)=12N\times 1000$$

$$12000(N-4)+100N(N-4)=12000N$$

$$12000N-48000+100N^2-400N=12000N$$

$$100N^2+12000N-12000N-400N-148000=0$$

$$100N^2-400N-48000=0:(100)$$

$$N^2-4N-480=0$$
$$a=1,\ b=-4,\ c=-480$$

$$x=\frac{-(-4)\pm\sqrt{(-4)^2-4.1.(-480)}}{2.1}$$

$$x=\frac{4\pm\sqrt{16+1920}}{2}$$

$$x=\frac{4\pm\sqrt{1936}}{2}$$

$$x=\frac{4\pm 44}{2}$$

$$x_1 = \frac{48}{2}$$

$$x_1 = 24$$

$$x_2 = \frac{4 - 44}{2}$$

$$x_2 = \frac{-40}{2}$$

$x_2 = -20$ (não satisfaz as condições do problema)

Assim, o número original de garrafas da caixa é 24.

O NÚMERO DE PÁGINAS DO LIVRO

Resolução:

Como existem nove números naturais com um algarismo, 90 números com dois algarismos e 900 números com três algarismos, são necessários:

- 9 algarismos para numerar as primeiras páginas;
- 90 × 2 = 180 algarismos para numerar as seguintes 90 páginas;
- 900 × 3 = 2700 algarismos para numerar as seguintes 900 páginas.

Como 180 + 9 < 852 < 2700, então o número x de páginas do livro tem três algarismos e satisfaz a equação:

$$
\begin{aligned}
3(x-99)+189 &= 852\\
3x-297+189 &= 852\\
3x &= 852+297-189\\
3x &= 960\\
x &= \frac{960}{3}\\
x &= 320
\end{aligned}
$$

O livro possui 320 páginas.

A EMPRESA DE CHOCOLATES

RESOLUÇÃO:

Preço de custo dos $(10 - x)$ chocolates: $(10 - x)\ .\ 0{,}20 = 2 - 0{,}20x$

Preço de venda dos $(10 - x)$ chocolates:

$(10 - x)\ .\ x = 10x - x^2$

Lucro nos $(10 - x)$ chocolates:

$L(x) = (10x - x^2) - (2 - 0{,}20x)$

$L(x) = 10x - x^2 - 2 + 0{,}20x$

$L(x) = - x^2 + 10{,}20x - 2$

Derivando, temos:

$L'(x) = -2x + 10{,}20$

$L'(x) = 0 \Rightarrow - 2x + 10{,}20 = 0 \Rightarrow x = 5{,}10$

Assim, o preço do chocolate a $R\$5{,}10$ maximiza o lucro da empresa.

QUANTOS HOMENS PRECISAM SAIR DA SALA?

Resolução:

Cuidado: não basta um homem sair para a porcentagem cair para 98%, pois, se um homem sair, teremos um percentual de homens correspondente a:

$$\frac{98}{99} \simeq 0{,}9899 \; ou \; 98{,}99\%$$

Precisamos resolver a seguinte equação:

$$\frac{99 - x}{100 - x} = \frac{98}{100}$$

$$\begin{aligned} 100.(99 - x) &= 98.(100 - x) \\ 9900 - 100x &= 9800 - 98x \\ 100x - 98x &= 9900 - 9800 \\ 2x &= 100 \\ x &= \frac{100}{2} \\ x &= 50 \; homens \end{aligned}$$

Logo, descobrimos que devem sair 50 homens da sala.

ESCADA ROLANTE

Resolução:

Para facilitar a explicação, vamos nomear as pessoas:

Gustavo sobe dois degraus por vez.

Marcos sobe um degrau por vez.

Conforme diz o enunciado, quando Gustavo chegou ao topo, contou 28 degraus. Como ele anda dois por vez, na verdade

Gustavo deu 14 passos. Então, quando ele atingiu o topo, Marcos havia andado 14 degraus, pois ele anda um por vez.

Lembre-se de que a escada está andando. Então, ao mesmo tempo em Gustavo contou 28 e Marcos contou 14 degraus, a escada havia andado sozinha X degraus. O enunciado diz que, quando Marcos chegou ao topo, contou 21 degraus. Como está no 14º, ainda faltam sete para ele atingir o topo (ou seja, falta metade do que ele já andou, pois 7 é metade de 14. Portanto, durante esses sete que faltam, a escada andará sozinha mais $\frac{X}{2}$ degraus (pois, se em 14 degraus ela andou X, em 7 ela andará a metade desse valor).

Pronto! O número de degraus visíveis para Gustavo e Marcos deve ser o mesmo. Então, basta montar e resolver a equação:

$$28 + X = (14 + X) + \left(7 + \frac{X}{2}\right)$$

$$28 + X = 14 + X + 7 + \frac{X}{2}$$

$$28 - 14 - 7 = \frac{X}{2} + X - X$$

$$7 = \frac{X}{2}$$

$$X = 7 \times 2$$

$$X = 14$$

Se $x = 14$, o número de degraus visíveis é (Gustavo andou 28 + x no total):

28 + 14 = 42 degraus

Note que para Marcos o resultado deve ser o mesmo:

$$(14 + X) + \left(7 + \frac{X}{2}\right) = (14 + 14) + \left(7 + \frac{14}{2}\right) = 28 + 14 = 42\ \textit{degraus}.$$

Assim, são visíveis 42 degraus na escada rolante.

O GRUPO DE AMIGAS

Resolução:

Considerando as características do grupo de 25 amigas, temos 6 amigas altas e loiras. Então:

	Altas	Baixas
Loiras	6	
Morenas		

Se 13 amigas são loiras, temos:

	Altas	Baixas
Loiras	6	7
Morenas		

6 + 7= 13

Como 11 amigas são baixas:

	Altas	Baixas
Loiras	6	7
Morenas		4

7 + 4 = 11

Como o total de amigas é 25, então:

	Altas	Baixas
Loiras	6	7
Morenas	8	4

25 – 6 – 7 – 4 = 8

Resp.: 8 amigas são altas e morenas.

O VALOR DO DEPÓSITO

Resolução:

Analiticamente, verificamos que, ao retirar o dobro da quantia inicial, o trabalhador ainda ficaria com *R*$ 2.080,00 de seu salário de *R*$ 2.840,00. O dobro da quantia retirada foi *R*$760,00 (2840 – 2080). Assim, a quantia depositada corresponde à metade desse valor, ou seja, R$380,00.

A ONG PARA ANIMAIS ABANDONADOS

Resolução:

32 – 15 + 8 + 13 – 22 + 4 – 1 = 57 – 38 = 19 animais.

DESCUBRA A SENHA DE FLÁVIO

Resolução:

$169 \rightarrow \sqrt{169} = 13 \rightarrow 1 + 3 = 4 \rightarrow 4 + 1 = 5$, o primeiro dígito é 5.
$144 \rightarrow \sqrt{144} = 12 \rightarrow 1 + 2 = 3 \rightarrow 3 + 1 = 4$, o segundo dígito é 4.
$225 \rightarrow \sqrt{225} = 15 \rightarrow 1 + 5 = 6 \rightarrow 6 + 1 = 7$, o terceiro dígito é 7.
$625 \rightarrow \sqrt{625} = 25 \rightarrow 2 + 5 = 7 \rightarrow 7 + 1 = 8$, o quarto dígito é 8.
$121 \rightarrow \sqrt{121} = 11 \rightarrow 1 + 1 = 2 \rightarrow 2 + 1 = 3$, o quinto dígito é 3.
$196 \rightarrow \sqrt{196} = 14 \rightarrow 1 + 4 = 5 \rightarrow 5 + 1 = 6$, o sexto dígito é 6.

Resp.: A senha de Flávio é 547836.

OS MEDICAMENTOS

Resolução:

mmc (2, 3, 6) = 6

6 + 8 = 14

Resp.: O próximo horário de ingestão dos três remédios juntos será às 14 horas.

AS CONTAS DE ÁGUA, LUZ E TELEFONE

Resolução:

$$\begin{cases} a+g+l+t=311{,}57 \\ a+l=131{,}41 \\ t+g=180{,}16 \\ a+t=194{,}49 \\ g=21{,}23 \end{cases}$$

$$\begin{aligned} a+l+g+t &= 311{,}57 \\ 131{,}41+21{,}23+t &= 311{,}57 \\ 152{,}64+t &= 311{,}57 \\ t &= 311{,}57-152{,}64 \\ t &= R\$158{,}93 \end{aligned}$$

$$\begin{aligned} a+t &= 194{,}49 \\ a &= 194{,}49-158{,}93 \\ a &= R\$35{,}56 \end{aligned}$$

$$\begin{aligned} a+l &= 131{,}41 \\ 35{,}56+l &= 131{,}41 \\ l &= 131{,}41-35{,}56 \\ l &= R\$95{,}85 \end{aligned}$$

AS CÓPIAS

Resolução:

15×12×0,17 = R$30,60

AS MOEDAS

Resolução:

$x = \textit{número de moedas de } R\$1{,}00$

$$x + 75 \times 0{,}5 + 72 \times 0{,}25 + 18 \times 2 = 100 + 20 + 0{,}5$$
$$x + 37{,}5 + 18 + 36 = 120{,}5$$
$$x + 91{,}5 = 120{,}5$$
$$x = 120{,}5 - 91{,}5$$
$$x = 29$$

Resp.: Há no cofre 29 moedas de R$1,00.

A ÁREA DO JARDIM

Resolução:

$A_{\text{I}} = 5m \times 5m = 25m^2$

$A_{\text{II}} = 3m \times 3m = 9m^2$

$A_{\text{T}} = 25m^2 + 9m^2$

$A_{\text{T}} = 34m^2$

Resp.: A área do jardim é 34m^2.

O REVESTIMENTO

Resolução:

a) 18×R$11,39 = R$205,02

b) Ap = 0,43m×0,43m

Ap = $0{,}1849\text{m}^2$

18×0,1849 ≃ 98 pisos

A DISTRIBUIÇÃO DOS BOMBONS

Resolução:

$x = número\ de\ bombons$

$$x - 6 - \frac{1}{3}(x - 6) = \frac{x}{2}$$

$$6.x - 6.6 - 6.\frac{1}{3}(x - 6) = 6.\frac{x}{2}$$

$$6x - 36 - 2(x - 6) = 3x$$

$$6x - 36 - 2x + 12 = 3x$$

$$6x - 2x - 3x = 36 - 12$$

$$x = 36 - 12$$
$$x = 24\ bombons$$

O NÚMERO DE QUADRADOS DA FIGURA 7

Resolução:

1ª figura: $1 = 1^2$

2ª figura: $3 = 2^2$

3ª figura: $9 = 3^2$

4ª figura: $16 = 4^2$

5ª figura: $25 = 5^2$

6ª figura: $36 = 6^2$

7ª figura: $49 = 7^2$

Resp.: A figura 7 tem 49 quadradinhos.

O PRÓXIMO TERMO DA SEQUÊNCIA

Resolução:

17 + 7 = 24

24 + 9 = 33

33 + 11 = 44

44 + 13 = 57

57 + 15 = 72

72 + 17 = 89

89 + 19 = 108

Resp.: O próximo termo da sequência é 108.

O NÚMERO DE LÁPIS

Resolução:

$$(x+y)+(x-y)+xy+\frac{x}{y}=363$$

$$2x+xy+\frac{x}{y}=363$$

$$x(2+y+\frac{1}{y})=363$$

$$x(2.y+y.y+y.\frac{1}{y})=363$$

$$\frac{x}{y}(2y+y^2+1)=363$$

$$\frac{x}{y}(y+1)^2=3\times 11^2$$

$$\frac{x}{y} = 3$$

$$(y+1)^2 = 11^2$$

$$(y+1)^2 = 11$$

$$y + 1 = 11$$

$$y = 11 - 1$$

$$y = 10 \; lápis$$

$$\frac{x}{10} = 3$$

$$x = 3 \times 10$$
$$x = 30 \; lápis$$

AS CALORIAS

Resolução:

A solução é pessoal. Apresentamos aqui uma possibilidade. Rui pensou em determinar a melhor solução. Como gostava mais de peixe, pensou em comer todos os dias o dobro em peixe do que comesse de feijão. Isso fez com que ele tivesse outra equação para resolver: $y = 2x$.

- Procurou soluções x e y que resolvessem ao mesmo tempo as duas equações:

$$\begin{cases} 3{,}3x + 0{,}7y = 1880 \\ y = 2x \end{cases}$$

- Pensou em usar o valor $y = 2$ também na primeira equação. Isto é, onde estava escrito y na primeira equação, ele substituiu por $2x$:

$$\begin{aligned} 3{,}3x + 0{,}7.(2x) &= 1880 \\ 3{,}3x + 1{,}4x &= 1880 \\ 4{,}7x &= 1880 \\ x &= \frac{1880}{4{,}7} \\ x &= 400 \end{aligned}$$

- Descobriu que teria que comer 400 gramas de feijão. O resto era fácil: deveria comer o dobro de peixe: 800 gramas.

A PRODUÇÃO DE MELANCIAS E DE VERDURAS

Resolução:

$x = \textit{área do plantio de melancias}$
$y = \textit{área do plantio de verduras}$

$$\begin{cases} x + y = 42 \\ 0{,}25x = 0{,}45y \end{cases}$$

$$\begin{aligned} x + y &= 42 \\ y &= 42 - x \\ 0{,}25x &= 0{,}45(42 - x) \\ 0{,}25x &= 0{,}45 \times 42 - 0{,}45x \\ 0{,}25x &= 1{,}9 - 0{,}45x \\ 0{,}25x + 0{,}45x &= 18{,}9 \\ 0{,}70x &= 18{,}9 \\ x &= \frac{18{,}9}{0{,}70} \\ x &= 27 \end{aligned}$$

$y = 42 - x$
$y = 42 - 27$
$y = 15$

Resp.: Ele deverá plantar 27m^2 de melancias e 15m^2 de verduras.

AS ÁREAS DOS TERRENOS

Resolução:

$$\begin{cases} x + y = 1800 \\ \frac{2}{3}x + \frac{1}{2}y = 1100 \end{cases}$$

$$x = 1800 - y$$

$$\frac{2}{3}(1800 - y) + \frac{1}{2}y = 1100$$

$$1200 - \frac{2}{3y} + \frac{1}{2y} = 1100$$

$$1200 - \frac{4}{6}y + \frac{3}{6}y = 1100$$

$$1200 - \frac{1}{6}y = 1100$$

$$100 = \frac{y}{6}$$

$$y = 600\, jardas$$

$$x = 1800 - y$$
$$x = 1800 - 600$$
$$x = 1200\, jardas$$

O NÚMERO MÁXIMO DE PESSOAS NO ELEVADOR

Resolução:

O ascensorista não pode pesar as pessoas, mas deve contá-las.

Veja a inequação que descreve esta situação e a sua solução:

$$75n \leq 750$$
$$n \leq \frac{750}{75}$$
$$n \leq 10$$

Resp.: 10 é maior do que ou igual ao número de pessoas que o elevador pode carregar com segurança.

Vamos representar na reta numérica os pontos que simbolizam o conjunto solução deste problema.

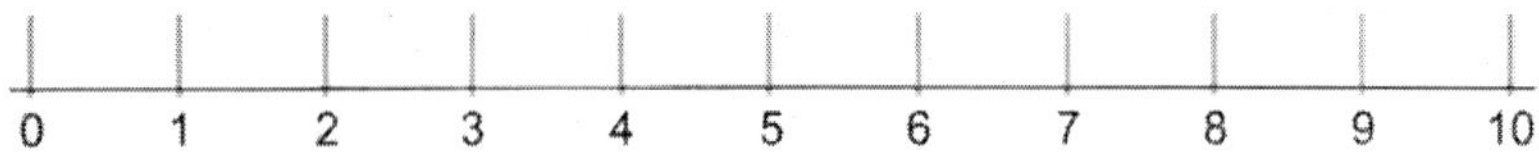

O elevador está seguro para 0, 1, 2, 3, 4, 5, 6, 7, 8, 9 e 10 pessoas.

OS AZULEJOS

Resolução:

$\sqrt{169} = 13$

Resp.: 13 azulejos.

A NOVA MÉDIA ARITMÉTICA

Resolução:

8,5 × 5 = 42,5

42,5 + 2 = 44,5

44,5 : 5 = 8,9

Resp.: A média aritmética passará a ser 8,9.

A MÉDIA ARITMÉTICA DOS NÚMEROS RESTANTES

Resolução:

$495 - 8 = 487$

$$M = \frac{487}{10}$$

$$M = 48{,}7$$

Resp.: A média aritmética dos números restantes será 48,7.

O PREÇO MÁXIMO DO SUCO

Resolução:

$$1{,}5\boldsymbol{x} + \boldsymbol{x} \leq 4{,}50$$
$$2{,}5\boldsymbol{x} \leq 4{,}50$$
$$\boldsymbol{x} \leq \frac{4{,}50}{2{,}5}$$
$$\boldsymbol{x} \leq \text{R\$}1{,}80$$

Resp.: O preço máximo que ele poderá pagar pelo suco é $R\$1{,}80$.

OS CUSTOS E AS VENDAS

Resolução:

$$10\boldsymbol{x} > 2400 + 3{,}60\boldsymbol{x}$$
$$10\boldsymbol{x} - 3{,}60\boldsymbol{x} > 2400$$
$$6{,}4\boldsymbol{x} > 2400$$
$$\boldsymbol{x} > \frac{2400}{6{,}4}$$
$$\boldsymbol{x} > 375$$

Resp.: A quantidade de ovos a ser produzida e vendida para que Cristina tenha lucro é maior do que 375 unidades.

QUANTOS ALGARISMOS?

Resolução:

De 1 a 9 $\Rightarrow$ 9 números de 1 algarismo;

De 10 a 99 $\Rightarrow$ 90 números de 2 algarismos;

100 $\Rightarrow$ 1 número de 3 algarismos.

Logo: $9\times1 + 90\times2 + 1\times3 = 9 + 180 + 3 = 192$ algarismos.

A QUANTIDADE MÍNIMA DE NOTAS

Resolução:

5 notas (3 notas de R$ 20,00 + 1 nota de R$ 10,00 + 1 nota de R$ 5,00)

O NÚMERO DE BOLAS DAS URNAS

Resolução:

x = número de bolas da 1ª urna

y = número de bolas da 2ª urna

$$x = y$$

$$x - 14 = y + 14$$

$$14 + 14 = 28 \text{ bolas}$$

AS MATRÍCULAS

Resolução:

1600 – 15 + 50 = 1635

Resp.: O número total de alunos da escola é 1635.

O TRANSPORTE DOS LIVROS

Resolução:

$$\begin{array}{r|l} 480 & 36 \\ \cline{2-2} 12 & 13 \end{array}$$

Resp.: O número de livros que ficará de fora das caixas é 12 livros.

A LOTAÇÃO DO TEATRO

Resolução:

3 000 + 6 000 = 9000

a) 9 000 : 360 = R$25,00

b) 3 000 : 25 = 120 ingressos

O VENDEDOR DE VINHOS

Resolução:

320 × 5 = 1600

1600 : 4 = 400

400 – 320 = 80

Resp.: O vendedor deverá adicionar de 50 a 100 litros de água.

A CAIXA DE LARANJAS

Resolução:

2, 3, 4,5, 6	2
1,3, 2, 5, 3	2
3, 1, 5, 3	3
1, 5, 1	5
1	

m.m.c. (2,3,4,5,6) = 2×2×3×5 = 60
60 + 1 = 61

Resp.: O menor número de laranjas que essa caixa poderá conter é 61 laranjas.

A MESADA

Resolução:

$2(5 \times 0{,}90 + 3 \times 1{,}20) =$
$= 2(4{,}50 + 3{,}60) =$
$= 2 \times 8{,}10 =$
$=$ R\$16,20
$\frac{2}{3} \times 16{,}20 = \frac{32{,}40}{3} =$ R\$10,80

Resp.: A mesada de João é *R*\$10,80.

O ROLO DE PAPEL

Resolução:

$2\text{m} \times 7\text{m} = 14\text{m}^2$

$2\text{m} \times 0{,}28\text{m} = 0{,}56\text{m}^2$

$14\text{m} : 0{,}56\text{m}^2 = 25$

Resp.: O número de faixas que vou obter é 25 faixas.

O FEIRANTE

Resolução:

$3{,}00 : 6 = 0{,}50$

$0{,}75 : 2 = 0{,}375$

$0{,}50 - 0{,}375$

$50 : 0{,}125 = 400$

Resp.: O número de maças que deverá vender para obter um lucro de *R*\$ 50,00 é 400 maças.

OS ADESIVOS

Resolução:

$$76 - x = 58 + x$$
$$76 - 58 = x + x$$
$$18 = 2x$$
$$2x = 18$$
$$x = \frac{18}{2}$$
$$x = 9 \text{ adesivos}$$

OS SOBRINHOS DE DONA ANGÉLICA

Resolução:

a) $R\$35{,}00 : 14 = R\$2{,}50$

b) $4 \times R\$2{,}50 = R\$10{,}00$

c) $R\$\ 2{,}50x$.

A INDÚSTRIA

Resolução:

A expressão algébrica da venda desses dois artigos é

$15x + 23y$.

O valor total, se forem vendidas 300 a 400 unidades respectivamente, é:

$15 \times 300 + 23 \times 400 = 4500 + 9200 = R\$13.700{,}00$

A LOCADORA DE BICICLETAS

Resolução:

Alternativa "D".

A FÁBRICA DE MÓVEIS

Resolução:

$V = 1{,}5C + 10$
$V = 1{,}5 \times 100 + 10$
$V = 150 + 10$
$V = R\$160{,}00$

A TIRINHA

Resolução:

número: x

multiplique por 3: $3x$

some 5: $(3x + 5)$

divida por 2: $\frac{3x+5}{2}$

some 4: $\frac{3x+5}{2} + 4$

$$\frac{3x + 5}{2} + 4 = 1{,}5x + 2{,}5 + 4 = 1{,}5x + 6{,}5$$

Alternativa "D".

QUANTOS BOMBONS RESTAM?

Resolução:

$8 + 3(x - 2) = 8 + 3x - 6 = 3x + 2$

Alternativa "B".

A FATORAÇÃO POR AGRUPAMENTO

Resolução:

ac + ad + bc + bd = a(c + d) + b(c + d) = (a + b)(c + d) = 34 × 59 = 2006

Resp.: O valor numérico da expressão proposta pelo professor é 2006.

O SALÁRIO DE FERNANDO

Resolução:

x = salário de Fernando

$$x - \frac{x}{3} - \frac{x}{4} = 550$$

$$12.x - 12.\frac{x}{3} - 12.\frac{x}{4} = 12 \times 550$$

$$12x - 4x - 3x = 6600$$

$$5x = 6600$$

$$x = \frac{6600}{5}$$

$$x = 1320$$

Resp.: O salário de Fernando é $R\$1.320,00$.

A VIAGEM DE MARIA

Resolução:

x = tempo em que a idade de Maria for igual à soma das idades de suas três filhas.

$44 + x = (10 + x) + (8 + x) + (2 + x)$

$44 + x = 20 + 3x$

$44 - 20 = 3x - x$

$24 = 2x$

$2x = 24$

$x = \frac{24}{2}$

$x = 12$

Resp.: Maria pretende fazer a viagem com $44 + x = 44 + 12 =$ 56 anos.

O CHURRASCO

Resolução:

$40x = 50(x - 5)$

$40x - 50x = -250$

$-10x = -250 .(-1)$

$10x = 250$

$x = \frac{250}{10}$

$x = 25$

$40 \times R\$25,00 = R\$1.000,00$

O PREÇO DO KG DE FEIJÃO

Resolução:

$\boldsymbol{x}$ = preço do kg do feijão

$3\boldsymbol{x} = 2(\boldsymbol{x} + 0{,}10) + 1{,}50$

$3\boldsymbol{x} = 2\boldsymbol{x} + 0{,}20 + 1{,}50$

$3\boldsymbol{x} - 2\boldsymbol{x} = 1{,}70$

$\boldsymbol{x} = \text{R\$}1{,}70$

$R\$1{,}70 + R\$0{,}10 = \text{R\$}1{,}80$

Resp.: Dona Maria pagou, em reais, $R\$1{,}80$ em cada kg de feijão.

AS CANETAS

Resolução:

$$\frac{300}{n} = 2\left(\frac{200}{n+4}\right)$$

$$\frac{300}{n} = \frac{400}{n+4}$$

$$400n = 300(n+4)$$

$$400n = 300n + 1200$$

$$100n = 1200$$

$$n = \frac{1200}{100}$$

$$n = 12\ canetas$$

$$n + 4 = 12 + 4 = 16\ lapiseiras$$

A PILHA DE TÁBUAS

Resolução:

a) 1ª coluna $\Rightarrow 2^0 = 1$ tábua

2ª coluna $\Rightarrow 2^1 = 2$ tábuas

3ª coluna $\Rightarrow 2^2 = 4$ tábuas

4ª coluna $\Rightarrow 2^3 = 8$ tábuas

5ª coluna $\Rightarrow 2^4 = 16$ tábuas

6ª coluna $\Rightarrow 2^5 = 32$ tábuas

7ª coluna $\Rightarrow 2^6 = 64$ tábuas

8ª coluna $\Rightarrow 2^7 = 128$ tábuas

9ª coluna $\Rightarrow 2^8 = 256$ tábuas

Resp.: 256 tábuas

b) $256 \times 0{,}5 = 128$ cm = 1,28 m

A DESCENDÊNCIA DE DONA MAFALDA

Resolução:

Filhos: 4

Netos: 4 .4 = 16

Bisnetos: 4. 4. 4 = 64

Filhos dos bisnetos: 4. 4 . 4 . 4 = 256

Total: 4 + 16 + 64 + 256 = 340 descendentes

OS LADRILHOS

Resolução:

Em cada azulejo, o número de quadradinhos pintados é igual ao número de quadradinhos não pintados mais 1.

Ladrilhos 3×3:

T_q = total de quadradinhos.

Q_p = quadradinhos pintados.

Q_{np} = quadradinhos não pintados.

$$Q_p = 5$$
$$Q_{np} = 4$$
$$T_q = Q_p + Q_{np}$$
$$T_q = 5 + 4$$
$$T_q = 9 = 3^2$$

Ladrilhos 5×5:

$$Q_p = 13$$
$$Q_{np} = 12$$
$$T_q = Q_p + Q_{np}$$
$$T_q = 13 + 12$$
$$T_q = 25 = 5^2$$

Ladrilhos 7×7:

$$Q_p = 25$$
$$Q_{np} = 24$$
$$T_q = Q_p + Q_{np}$$
$$T_q = 25 + 24$$
$$T_q = 49 = 7^2$$

Logo: $Q_p = Q_{np} + 1$

Resp.: O número de quadrados pintados em um ladrilho de modelo 7×7 será igual a 25 quadradinhos.

A PAREDE QUADRADA

Resolução:

A = $\boldsymbol{x} \cdot \boldsymbol{x} = \boldsymbol{x}^2$ (consumo de 4 latas)

A = $2\boldsymbol{x} \cdot 2\boldsymbol{x} = 4\boldsymbol{x}^2$ (consumo de 16 latas)

Resp. 16 latas.

O TERRENO QUADRADO

Resolução:

a) $\sqrt{900m^2} = 30m$
b) 30×4 = 120m
c) 60m × 60m = 3600m^2

O TRÊS QUADRADOS

Resolução:

Lado do quadrado vermelho $\Rightarrow \sqrt{121cm^2} = 11cm$

Lado do quadrado amarelo $\Rightarrow \sqrt{100cm^2} = 10cm$

Lado do quadrado azul $\Rightarrow B = \frac{A+C}{2} = \frac{11+10}{2} = \frac{21}{2} = 10{,}5cm$
$(10{,}5)^2 = 110{,}25cm^2$

A ARESTA DO CUBO

Resolução:

$$V = a^3$$
$$1728 = a^3$$
$$a^3 = 1728$$
$$a = \sqrt[3]{1728}$$
$$a = 12cm$$

Resp.: O comprimento de cada aresta é 12cm.

O GALPÃO

Resolução:

$$\boldsymbol{x}^2 + 684 = 720$$
$$\boldsymbol{x}^2 = 720 - 684$$
$$\boldsymbol{x}^2 = 36$$
$$\boldsymbol{x} = \pm\sqrt{36}$$
$$\boldsymbol{x} = \pm 6$$
$$\boldsymbol{x} = 6 \text{ ou } \boldsymbol{x} = -6 \text{ (não convém)}$$

Resp.: O lado do galpão mede 6m.

AS CAMISAS

Resolução:

$$720 + \frac{720}{x} = 65x$$

$$720.x + x.\frac{720}{x} = 65x.x$$

$$720x + 720 = 65x^2$$

$$-65x^2 + 720x + 720 = 0\,.(-1)$$

$$65x^2 - 720x - 720 = 0 : (5)$$

$$13x^2 - 144x - 144 = 0$$

$$a = 13, b = -144, c = -144$$

$$x = \frac{-b \pm \sqrt{b^2 - 4ac}}{2a}$$

$$x = \frac{-(-144) \pm \sqrt{(-144)^2 - 4.13.(-144)}}{2.13}$$

$$x = \frac{144 \pm \sqrt{20736 + 7488}}{26}$$

$$x = \frac{144 \pm \sqrt{28224}}{26}$$

$$x = \frac{144 \pm 168}{26}$$

$$x_1 = \frac{144 + 168}{26}$$

$$x_1 = \frac{312}{26}$$

$$x_1 = 12$$

$$x_2 = \frac{144 - 168}{26}$$

$x_2 = \frac{-24}{26}$ (não satisfaz às condições do problema)

$\frac{720}{12} = 60$

Resp.: O preço de custo de cada camiseta é R$60,00.

AS CRIANÇAS

Resolução:

$$\frac{4000}{x} + 50 = \frac{4000}{x-4}$$

$$\frac{4000}{x}.x(x-4) + 50x(x-4) = x(x-4) \cdot \frac{4000}{x-4}$$

$$4000(x-4) + 50x^2 - 200x = 4000x$$

$$50x^2 + 4000x - 16000 - 200x - 4000x = 0$$

$$50x^2 - 200x - 16000 = 0 : (50)$$

$$x^2 - 4x - 320 = 0$$

$$a = 1, \quad b = -40, \quad c = -320$$

$$x = \frac{-(-4) \pm \sqrt{(-4)^2 - 4.1.(-320)}}{2.1}$$

$$x = \frac{4 \pm \sqrt{16 + 1280}}{2}$$

$$x = \frac{4 \pm \sqrt{1296}}{2}$$

$$x_1 = \frac{4 \pm 36}{2}$$

$$x_1 = \frac{4 + 36}{2}$$

$$x_1 = \frac{40}{2}$$

$x_1 = 20$

$$x_2 = \frac{4 - 36}{2}$$

$$x_2 = \frac{-32}{2}$$

$x_2 = -16$ (não satisfaz às condições do problema)

Resp.: O número inicial era de 20 crianças.

A DISTRIBUIÇÃO DOS DOCES

Resolução:

Alunos da classe: x

Cada aluno deveria receber: $\frac{144}{x}$

Mas, cada aluno recebeu: $\frac{144}{x-12}$

$$\frac{144}{x-12} = \frac{144}{x} + 1$$

$$\frac{144}{x-12} . x(x-12) = \frac{144}{x} . x(x-12) + 1 . x(x-12)$$

$$144x = 144(x-12) + x(x-12)$$

$$144x = 144x - 1728 + x^2 - 12x$$

$$-x^2 + 12x + 144x - 144x + 1728 = 0$$

$$-x^2 + 12x + 1728 = 0 : (-1)$$

$$x^2 - 12x - 1728 = 0$$

$a = 1, \quad b = -12, \quad c = -1728$

$$x = \frac{-b \pm \sqrt{b^2 - 4ac}}{2a}$$

$$x = \frac{-(-12) \pm \sqrt{(-12)^2 - 4.1.(-1728)}}{2.1}$$

$$x = \frac{12 \pm \sqrt{144 + 6912}}{2}$$

$$x = \frac{12 \pm \sqrt{7056}}{2}$$

$$x = \frac{12 \pm 84}{2}$$

$$x_1 = \frac{12 + 84}{2}$$

$$x_1 = \frac{96}{2}$$

$$x_1 = 48$$

$$x_2 = \frac{12 - 84}{2}$$

$$x_2 = \frac{-72}{2}$$

$x_2 = -36$ (não satisfaz às condições do problema)

Resp.: O número de alunos presentes no dia da distribuição era 48.

REFERÊNCIAS BIBLIOGRÁFICAS

Bonjorno, José Roberto – Bonjorno, Regina de Fátima Souza Azenha – Olivares, Ayrton. **Coleção: Matemática - Fazendo a Diferença**, 1ª ed. São Paulo: FTD, 2006.

Bonjorno, José Roberto – Sousa, Paulo Roberto Câmara de – Bonjorno, Regina de Fátima Souza Azenha – Gusmão, Tânia Cristina Rocha Silva. **Coleção Projeto Athos Matemática – Roteiros de Aprendizagem**, 1ª ed. São Paulo: FTD, 2014.

Cavalcante, Luiz G – SOSSO, Juliana – VIEIRA, Fabio – POLI, Ednéia. **Coleção: Para Saber Matemática:** São Paulo: Saraiva, 2008.

Centurion. Marília – Jakubovic, José. **Coleção: Matemática - Teoria e Contexto**. São Paulo: Saraiva, 1ª ed., 2012.

Dante, Luiz Roberto. **Formulação e Resolução de Problemas de Matemática: Teoria e Prática**. São Paulo: Ática, 2010, 1ª ed. 2010.

Giovanni, José Ruy – Parente, Eduardo. **Coleção: Aprendendo Matemática**. São Paulo: FTD, 1999.

Giovanni, José Ruy — Bonjorno, José Roberto. **Coleção: Matemática - uma nova abordagem.** São Paulo FTD, 2000.

Giovanni, José Rui - Júnior, José Rui Giovanni - Castrucci, Benedito. **Coleção: A Conquista da Matemática.** São Paulo: FTD, 2009, ed. renovada.

Grasseschi, Maria Cecília de Castro - Andreta, Maria Capucho - Silva, Aparecida Borges dos Santos. **Coleção: PROMAT - Projeto Oficina de Matemática**. São Paulo: FTD, 1999.

Iezzi, Gelson - Dolce, Osvaldo - Degenszajn, David. Périgo, Roberto. - Almeida, Nilze Silveira de. **Coleção: Matemática - Ciência e Aplicações.** São Paulo: Saraiva, 7ª ed. 2013.

Iezzi, Gelson - Dolce, Oswaldo - Machado, Antonio dos Santos. **Coleção: Matemática e Realidade**. São Paulo: Atual, 2009.

Name, Miguel Assis. **Coleção: Tempo de Matemática.** São Paulo: Editora do Brasil, 1996.

Niederauer, Juliano - Aguiar, Marla Fernanda Caumo de. **Desafios e Enigmas: uma forma de colocar à prova seu raciocínio**. São Paulo, Novera Editora, 2007.

Ortigão, Maria Isabel Ramalho - Feitosa, Adriana da Silva - Almeida, Maria de Fátima Lins Barbosa de Paiva - **Novo Telecurso**: **Matemática - Livro de atividades - Ensino Médio**: FIESP /SESI/SENAI/IRS/Fundação Roberto Marinho. Rio de Janeiro, 1ª ed. 2008.

Programa Gestão da Aprendizagem Escolar – Gestar II. Matemática: **Caderno de Teoria e Prática 6 - TP 6: Matemática nas Migrações e em Fenômenos Cotidianos**. Brasília: Ministério da Educação, Secretaria da Educação Básica, 2008.

Smole, Kátia Cristina Stocco – Diniz, Maria. Ignez. **Coleção: Matemática - Ensino Médio**. São Paulo: Saraiva, 8ª ed. 2013.

LISTA DE SIGLAS

ACAFE-SC – Associação Catarinense das Fundações Educacionais (Santa Catarina).

CAP-UERJ – Colégio de Aplicação da Universidade Federal do Rio de Janeiro.

CEFET-PI – Centro Federal de Educação Tecnológica (Piauí).

COMPERJ – Complexo Petroquímico do Rio de Janeiro.

ENCCEJA-MEC – Exame Nacional de Certificação de Competências de Jovens e Adultos (Ministério da Educação).

FCC SP – Fundação Carlos Chagas (São Paulo).

FGV-SP – Fundação Getúlio Vargas (São Paulo).

FURB-SC – Fundação Universidade Regional de Blumenau (Santa Catarina).

INTA - Instituto Superior de Teologia Aplicada (Sobral - CE).

OM-SP – Olimpíada de Matemática (São Paulo).

OMABC-SP – Olimpíada de Matemática do Grande ABC (São Paulo).

PROMINP – Programa de Mobilização da Indústria Nacional de Petróleo e Gás Natural.

PUC-SP – Pontifícia Universidade Católica de São Paulo.

PUCCAMP-SP – Pontifícia Universidade Católica de Campinas (São Paulo).

SAEB-MEC – Sistema Nacional de Avaliação da Educação Básica (Ministério da Educação).

SARESP – Sistema de Avaliação de Rendimento Escolar do Estado de São Paulo.

UCSAL-BA – Universidade Católica de Salvador (Bahia).

UEL-PR – Universidade Estadual de Londrina (Paraná).

UEPB – Universidade Estadual da Paraíba.

UERJ – Universidade do Estado do Rio de Janeiro.

UFRJ – Universidade Federal do Rio de Janeiro.

VUNESP – Fundação para o Vestibular da Universidade Estadual (São Paulo).

Impressão e acabamento
Gráfica da Editora Ciência Moderna Ltda.
Tel: (21) 2201-6662